神经科学哲学译丛 尤洋 主编

大脑、思维和语言

麦克斯韦·贝内特
Maxwell Bennett
丹尼尔·丹尼特
Daniel Dennett
彼得·哈克
Peter Hacker
约翰·塞尔
John Searle
著

尤洋 刘淑琪 译

中央编译出版社
CCTP Central Compilation & Translation Press

图书在版编目（CIP）数据

大脑、思维和语言 /（澳）麦克斯韦·贝内特等著；尤洋，刘淑琪译. —北京：中央编译出版社，2025.1

书名原文：Neuroscience and Philosophy：Brain，Mind，and Language

ISBN 978-7-5117-4741-9

Ⅰ.①大… Ⅱ.①麦… ②尤… ③刘… Ⅲ.①神经科学 ②哲学理论 Ⅳ.①Q189 ②B0

中国国家版本馆CIP数据核字（2024）第081448号

大脑、思维和语言

责任编辑 郑永杰
责任印制 李 颖
出版发行 中央编译出版社
网　　址 www.cctpcm.com
地　　址 北京市海淀区北四环西路69号（100080）
电　　话 （010）55627391（总编室）　（010）55625174（编辑室）
（010）55627320（发行部）　（010）55627377（新技术部）
经　　销 全国新华书店
印　　刷 北京文昌阁彩色印刷有限责任公司
开　　本 710毫米×1000毫米 1/16
字　　数 187千字
印　　张 10.75
版　　次 2025年1月第1版
印　　次 2025年1月第1次印刷
定　　价 88.00元

新浪微博：@中央编译出版社　　**微　　信**：中央编译出版社(ID: cctphome)
淘宝店铺：中央编译出版社直销店(http://shop108367160.taobao.com)　(010)55627331

本社常年法律顾问：北京市吴栾赵阎律师事务所律师　闫军　梁勤
凡有印装质量问题，本社负责调换。电话：（010）55627320

教育部人文社科重点研究基地重大项目“神经科学视域下的脑机智能哲学问题研究”（项目号：22JJD720017）资助

国家社会科学基金项目“中国化马克思主义社会认识论与当代认知科学的融合研究”（项目号：24VRC004）资助

丛书序

2009 年我在山西大学顺利完成了科学技术哲学的博士学位攻读，毕业后虽然在博士研究选题“社会认识论”（Social Epistemology）的领域内继续写了数篇文章并顺利地晋升了副教授。但是总感觉这一时期研究工作似乎遇到了瓶颈，内心渴望着能够找到一个新的自己感兴趣同时又不那么“拥挤”的地方去掘金。就这样此后两年内一直在思考着下一个研究的重点领域，但始终未曾获取到一片心仪的土地，直到与“神经科学哲学”的相遇。

20 世纪末，认知神经科学研究取得了令人瞩目的进展，传统的心理学研究亦让位于认知神经科学研究，其发展速度之快和趋势之明显，使得 21 世纪被公认为“脑的世纪”。认知神经科学的研究任务在于阐明感知觉、注意、记忆、语言、思维、意识等认知过程，研究智能的本质和起源，关注心理加工的神经机制，解决心理与认知功能在大脑中的处理过程，并与认知神经心理学、认知神经生物学以及计算神经科学等学科保持交叉。

正如 20 世纪的物理学，特别是量子力学引发的物理学哲学研究热潮一样，当代蓬勃兴起的认知神经科学和脑认知研究也为哲学特别是科学哲学提供了更多的研究素材。这一现象出现的主要原因在于：一方面，传统的认识论问题求解能力困境不足以揭示人类的认识之谜，因此就需要从认知科学内部以一种经验的方式、以一种自然主义的方式对人类认识机制、模型以及原因做出讨论和建构；另一方面，认知神经科学本身越来越多地涉及传统哲学问题，比如意识解释、记忆原理以及语言本质，类似“如何理解心—脑的关系研究”“如何看待脑处理中的计算和表征分析”“如何解释神经科学中的意识与现象”这样的问题就吸引了越来越多的哲学家，特别是科学哲学家投身其内，由此衍生出来的认知神经科学哲学就成为科学哲学研究中的一个热点领域。

上述文字是我2012年在《科学技术哲学研究》第6期发表的论文《当代认知神经科学哲学研究及其发展趋势》中的两段话。它既是我在神经科学哲学研究领域发表的第一篇学术文章，又由此开启了我对这个主题的探索和研究。尽管彼时“无知亦无畏”，以一种近乎“野蛮人”的方式闯入这个领域，但我却敏锐地意识到在神经科学当中充斥着有趣的哲学现象与话题，“心灵”“意识”“记忆”等无一不与神秘的“脑机制”在现象上关联、在物理上连接。也因此，在此论文发表之后我便开启了长达十余年的研究历程，特别是对神经科学哲学的“元理论”“核心问题”“机制解释”以及“方法进路”展开了细致的研究。很高兴地看到，正如我一开始所认识到的那样，相关研究正迎来越来越多的学界目光投注，特别是伴随着生成式人工智能引发的研究浪潮的涌现。直至目前，以“深度神经网络”模拟大脑不同层级神经元间相互连接并实现机器学习的新兴人工智能，逐步在知识生产、社会实践、范式变革等诸多领域展现出了强大的应用效力，由此带来了“人类智能”与“人工智能”的双向解释与挑战，而这反过来亦推动了包括神经科学、脑机智能在内的认知科学以及认识论的解释进步与丰富。

我会选择神经科学哲学研究的另一个原因，就不能不谈到一位已故的哲学家埃尔文·戈德曼（Alvin Goldman）。早年踏上哲学研究的道路伊始，恩师殷杰先生为我选定了研究方向“社会认识论”。在很长的一段时间里一直研究相关领域的哲学大家，这其中自然就包括了埃尔文·戈德曼。回想起来，探索神经科学哲学这个有趣工作最初应该是受到了戈德曼的影响，也因此在2024年8月惊闻其离世的消息后，内心竟一时间不胜唏嘘。戈德曼的研究内容除知识论尤其是社会认识论之外，另一个方向就是模拟心灵以及认知科学的研究。那时我在看其《社会领域中的知识》（*Knowledge in a Social World*）之余，也饶有兴趣地看了他的《心灵模拟》（*Simulating Minds*）一书，但限于毕业的压力和精力，彼时个人心思都放到了其社会认识论思想上，对于以“哲学、心理学和神经科学的方式探索心灵”这个有趣话题的深入，实际上是在将“认识论”（Epistemology）与“认知”（Cognition）这两个研究领域逐步融合的过程中逐渐生成的，如今相关研究领域亦很自然地构成了我学术研究的两个支柱和重心所在。

如果说一开始从事的社会认识论研究是一种知识论的分析，更加侧重于规范性研究方法的话，那么神经科学哲学的研究则更多地使用了来自神经科学与脑科学的证据与实验，因此自然主义的研究方法使用得更加普遍，相信这一点在本译丛的多部作品中都能清晰地看到。在我主编的“神经科学哲学译丛”这套书中，我有针对性地遴选了12部有代表性的重要著作，它们无一不是当前神经科学哲学研究领域中极为突出、富含价值的重要文献，甚至其中多部译著的名字都是直接以“神经科学哲学”或“神经科学与哲学”为题，这充分显示出这个领域已经发展臻至成熟阶段，能够独立存在于当下的自然科学哲学研究场域内。也因此，这套译丛当中既有对神经科学哲学的整体性把握，如《牛津神经科学与哲学手册》《大脑、思维与语言》《哲学、神经科学与意识》，也有具体的《神经认知机制》《解释脑》《情绪的神经科学》以及《注意》的哲学研究，还有与神经科学紧密关联的《神经伦理学》，因为伦理问题同样也是这其中极为重要的研究话题，当然《心灵与大脑》这个关涉心脑问题的经典问题解释也是本译丛中必不可少的一环，诸如此类，不一而足。应该讲，丰富的选题共同构成了此套神经科学哲学译丛，我也力求全面地呈现出神经科学哲学近四十年来的发展图景，并为该领域未来发展做一份厚实的基础性积累与勾勒。当然，这将是一个艰巨的任务，为此需要在出版过程中更加精细。除此之外，必须要认识到教材建设也是学科教学建设的重要组成，从这个伏笔的意义上讲，译丛成果也将为未来国内神经科学哲学的教材出版奠定良好基础，我们也会在合适的时机组织编写教材，致力于在研究和教学两个方面持续推动国内神经科学哲学的发展。

本丛书是教育部人文社会科学重点研究基地重大项目“神经科学视域下的脑机智能哲学问题研究”（项目号：22JJD720017）以及国家社会科学基金项目“中国化马克思主义社会认识论与当代认知科学的融合研究”（项目号：24VRC004）的阶段性成果，同时也得到了“山西大学哲学国家双一流学科建设计划”经费的资助。在上述基金项目与建设计划经费的充分支持下，丛书得以顺利推进并臻至出版发行。丛书主编以及各分册译者均来自山西大学科学技术哲学研究中心，山西大学的科学技术哲学一直以积极的姿态推动中国科学技术哲学的学科建设，以促进中国科学技术哲学的繁荣与发展为己任，在译介西方科学哲学优秀成果方面形成了优良的学术传统、严谨的学术规范和强烈的学术责任感，曾做过大量富有成效的工作，并且赢得了国内同行的广泛认可。特别是2016年组织翻译的大型工具书《爱思唯尔科学哲学手册》，一直是国内研究科学技术哲学的重要读本。此次在推进“神经科学哲学译丛”时，作为主编我亦秉承了这一优良传统，恪守规范、谨记责任，以期译丛能够实质性地推动国内神经科学哲学的学术繁荣。然限于水平，在某些方面难免会出现些许的不尽如人意，诚盼学界同仁不吝指教，共同推动这一领域学术研究的进步。

译丛即将付梓之际，感谢中央编译出版社的各位工作人员，尤其诸位编辑！他们对本译丛的出版给予了极大的支持和帮助。感谢为译丛出版付出大量心血、克服种种困难顺利完成翻译工作的全体译者！最后，希望我们的工作能够得到全国读者的认可，期许在未来国内学界能够涌现出更多的神经科学哲学优秀作品，如此“心之所向，身之所往，不亦喜乎”！

尤　洋

2024年10月24日于山西大学

目　录
CONTENTS

引　言 ······ 001

论　据 ······ 005

《神经科学的哲学基础》节选 ······ 麦克斯韦·贝内特、彼得·哈克 007

神经科学和哲学 ······ 麦克斯韦·贝内特 042

反　驳 ······ 059

哲学是天真的人类学：评贝内特和哈克 ······ 丹尼尔·丹尼特 061

让意识回到大脑：对贝内特和哈克《神经科学的哲学基础》的回应 ······ 约翰·塞尔 082

答复反驳 ······ 103

认知神经科学的概念预设：对批评的回应 ······ 麦克斯韦·贝内特、彼得·哈克 105

后　记 ······ 麦克斯韦·贝内特 136

仍在寻找：追求理性王子的科学与哲学 ······ 丹尼尔·罗宾逊 143

引　言

麦克斯韦·贝内特（Maxwell Bennett）和彼得·哈克（Peter Hacker）所著的《神经科学的哲学基础》（*Philosophical Foundations of Neuroscience*）[①] 一书于2003年在布莱克威尔出版社出版。此书一经出版便吸引了广泛的关注，因为它首次系统地评估了神经科学的概念基础，这些基础由科学家和哲学家奠定。该书的两篇附录专门批判性地评估了约翰·塞尔（John Searle）和丹尼尔·丹尼特（Daniel Dennett）的具有影响力的著作，这增加了该书的吸引力。麦克斯韦·贝内特是一位成功的神经学家，他认定约翰·塞尔和丹尼尔·丹尼特是神经科学界阅读最广泛的哲学家，并渴望向读者清楚表达他和哈克为什么持有不同的意见。

在2004年的秋季，美国哲学研究会（American Philosophical Association）的项目委员会邀请贝内特和哈克参加“作者和批评家”研讨会议，该会议于2005年在纽约召开。批评家的选择无可挑剔：丹尼尔·丹尼特和约翰·塞尔已经同意撰写文章来回应反驳贝内特和哈克对其工作的批评。本书的内容基于该美国哲学研究会会议的三小时研讨。该会议由欧文·弗拉纳根（Owen Flanagan）主持，与会者之间的交流格外的活跃。丹尼特和塞尔在会前提交了他们反驳内容的书面版本，接着贝内特和哈克对此进行了回应。

哥伦比亚大学出版社的哲学编辑温迪·洛克纳（Wendy Lochner）充分意识到哲学问题的重要性，敦促与会者考虑将会议记录出版成书。在一般情况

---

① Wiley-Blackwell 出版社已出版了该书修订版（第2版，2022年），丹尼特和哈克在其中增加了7万字（以英文计）以及许多图表。——译者注

下，一场充满活力的学术座谈会的谈话内容付诸书面后通常会给原本丰富多彩、打动人心的内容蒙上一层阴影。读者需要动用自己的想象力从发表的文章的只言片语中重现真实的场景。公正而言，我认为本书并不存在上述的情况。读者将在这些文章和交流中认识到智力激情的激励力量。参会者们对他们的主题非常认真。他们在数十年间的显著贡献使他们有权利被认真对待。而且，这是一个风险极大的事。毕竟，认知神经科学的项目不亚于将我们乐意称之为“人性”的东西纳入科学自身框架的过程。丹尼特和塞尔，以一种可能显得急切的自信，倾向于相信纳入过程正在顺利进行。贝内特和哈克，以一种可能表现为怀疑主义的谨慎态度，提出了这个项目本身是建立在一个错误之上的可能性。

我很荣幸地被邀请为这册计划中的书写一个结尾章节。这一章总结了我在这个问题上可能的固有观点，同时我也权衡了辩论中核心人物的敏捷推理和辩驳。我希望读者会以同情的心态注意到，我脑子里极少有固有观点。我认识到塞尔和丹尼特需要明确承诺提供一个可行的、可信的模型，关于我们的精神生活是如何通过皮肤下所发生的事件意识到的。诺伯特·维纳（Norbert Wiener）是科学界真正的智者之一，他指出猫的最佳物质模型是一只猫——最好是同一只猫。尽管如此，如果没有模型——即使是那些带有拟人化色彩的模型——现实世界的混乱必然会阻碍任何领域的科学进步。没有任何微积分或方程式可以建立模型的构建者的想象力必定会被限制在其范围内的边界。

最后，这类问题上升到了美学的层面。我这样说，并不是说分析的严谨性的空间小了；哲学分析在其最佳状态下是一项美学事业。它的“优雅”正是吸引物理学家和数学家的原因。难道不是美学确立了“奥卡姆剃刀”作为精炼、衡量、比例、一致性的首选工具吗？仅仅在这些方面，我相信读者会在贝内特和哈克的批评中发现——主要是在彼得·哈克丰富而有见地的哲学批评中——这不是向怀疑主义的倾斜，而是对哲学家们所创造的更好的工具的谨慎且优雅的应用。

说了这么多，重要的是要进一步承认，我们的实际现实生活不太可能向真值表、图灵机或解剖学吹管披露其完整的、不断变化的、经常变化的和奇妙的内部现实。不应该感到惊讶的是，在一个重要问题上说出第一句话的哲学家，通常很可能也会在这个问题上说最后一句话。当然，我指的是亚里士多德。我们应该在那些有精确的可能的事物上寻求精确性。我们要选择适合手头任务的工具。最后，我们的解释必须与我们想要解释的事物建立可理解的联系。人口学家以令人称道的准确性告诉我们，平均每个家庭有 2.53 个成员，他觉得没有义务提醒我们不存在 0.53 个人。这样的数据并不假定描述所计数项目的本质；其结果只是个数字。当然，问题的关键在于科学的精确性，或者说，算术的精确性，可能几乎无法告诉我们关于用这种精度分析过的东西究竟是什么。在这里和其他地方一样，最重要的格言是“买者自慎”（caveat emptor）。

读者会带着适当的兴趣——甚至会有少许的虚荣——来了解本书，因为这是关于他们的！他们将自己的审美标准带到这类材料上。最终是他们决定其所提供的阐述是否与真正重要的东西有可理解的联系。但是，一个好的陪审团并不比手头的证据更好，他们的审议过程会由合理的证据规则指导。有耐心的读者！有价值的陪审员！这里有一些（认知神经科学）证据，以及对可能适用于衡量证据的规则的特别清晰的介绍。不需要急于做出判决……

丹尼尔·N. 罗宾逊（Daniel N. Robinson）

论　据

《神经科学的哲学基础》节选

麦克斯韦·贝内特、彼得·哈克

一、序言节选

《神经科学的哲学基础》一书展示了神经科学家和哲学家的一项合作研究课题的成果。本书关注认知神经科学的概念基础——这些基础由科学研究中的人类认知、情感和意志等能力的神经基础所涉及的心理学概念之间的结构关系构成。研究概念之间的逻辑关系是一项哲学任务。而引导这种考察沿着有助于阐明脑科学研究的道路行进则是一项神经科学的工作。因此，我们进行了合作。

如果我们要理解使知觉、思维、记忆、情感及意向性行为得以可能的各种神经结构和互动机制，那么澄清这些概念和范畴是十分必要的。两位作者从非常不同的专业方向来进行这项研究，却都发现自己对当代神经科学中使用的心理学概念感到困惑，有时甚至感到不安。不解之处往往在于：某位神经科学家关于心脑问题的主张可能会是什么意思？某位神经科学家为什么认为他所做的实验阐明了其所研究的心理能力？所提问题的概念预设是什么？这种不安源于怀疑概念在某些情况下被误解、误用了，或者被延伸到超出了其适用的定义条件。我们越是探究，就越是确信，尽管认知神经科学取得了令人瞩目的进展，但其一般性的理论化工作却并不尽如人意。 4

关于神经系统的实证问题属于神经科学的领域。神经科学的任务是确定有关神经结构和活动的事实问题。认知神经科学的任务是解释使感知、认知、思考、情感和意志功能成为可能的神经条件。这类解释性理论或被实验研究证实，或被其否定。相比之下，概念问题（例如关于心灵或记忆、思维或想象的概念）、概念之间的逻辑关系的描述（例如知觉和感觉的概念之间，或意识和自我意识的概念之间），以及对不同概念领域之间（例如心理的和神经的之间，或精神的和行为的之间）的结构关系的考查是哲学的适当领域。

概念问题先于真假问题。它们是关于我们的表征形式的问题，而不是关于经验命题的真假问题。这些形式是由真的（和假的）科学陈述以及正确的（和不正确的）科学理论所预设的。它们决定的不是经验上的真假，而是什么有意义和无意义的。因此，概念问题不适用于科学研究和实验，或科学理论化。因为问题中的概念和概念关系是由任何这种研究和理论化所预设的。我们在这里关注的不是两者之间的分界线，而是逻辑上不同类别的知性探究之间的区别。[1]

区分开概念性问题与经验性问题是最重要的。当一个概念性问题与一个科学性问题混淆时，它必然会显得格外难处理。在这种情况下，科学似乎本应该能够通过理论和实验来发现所研究问题的真相——但它始终无法做到这一点。这并不奇怪，因为概念问题不适合经验研究方法，就像纯数学中的问题不适合用物理学方法解决一样。此外，当处理经验问题时，如果不进行充分的概念澄清，必然会提出错误的问题，并且很可能会导致错误的研究。因为任何相关概念的不清晰都会反映在相应的提问之中，进而反映在试图解答它们的实验设计之中。对相关概念结构的理解上的任何不连贯都可能显现为实验结果的解释中的不连贯。

认知神经科学跨越神经生理学和心理学两大领域的边界开展工作，而这两个领域各自的概念在范畴上有所区别。生理和心理之间的逻辑或概念关系是有问题的。众多的心理学概念和概念范畴很难明确界定。心灵与大脑、心理的与行为的之间的关系令人困惑。关于这些概念和它们的表述，以及关于显而易见的“领域”及其之间的关系的困惑是神经生理学自诞生以来的特征。[2]尽管20世纪初在查尔斯·谢灵顿（Charles Sherrington）的领导下神经科学取得了巨大的进步，但被熟知为心身问题或心脑问题的一系列概念问题仍然一如既往地难以解决——谢灵顿及其同事和门生如埃德加·阿德里安（Edgar Adrian）、约翰·埃克尔斯（John Eccles）以及怀尔德·彭菲尔德（Wilder Penfield）所接受的有缺陷的笛卡尔观点就证明了这一点。尽管他们的工作无疑是出色的，但深层的概念混淆仍然存在。[3]当代神经科学家是否成功地克服了前几代人的概念混淆，或者它是否只是用其他的概念纠缠取代了一种概念纠缠，这是我们在本书中研究的主题。

明显的概念纠缠之一是一直将心理属性归于大脑。谢灵顿及其门生将心理属性归于心灵（被认为是一种与大脑不同的，也许是非物质的特殊实体），然而当代神经科学家往往将同样的心理属性归于大脑（通常被认为等同于心灵，尽管存在异议）。但我们认为[4]，心灵既不是不同于大脑的实体，也不是与大脑相同的实体。我们还证明了将心理属性归于大脑是不连贯的。[5]人类拥有诸多心理能力，这些能力在生活情景中得到运用，如当我们感知、思考和推理、感受情绪、有所欲求、制定计划和做出决定时。拥有和运用这些能力决定了我们与其他动物的不同。我们可以探究具有并运用这些能力的各种神经条件、神经伴随物。这是神经科学的任务，它正在发现越来越多相关的信息。但这些发现丝毫不影响概念上的真理，即这些能力及其在感知、思维和感受方面的运用是人类的属性，而不是人类某些部分的（尤其不是人类的大脑的）属性。人是一个心身统一体，是一种能够感知、有意识地行动、推理和感知情感的动物，是一种使用语言的动物，不仅有意识，而且有自我意识——而不是嵌在一具身体的头骨里的大脑。谢灵顿、埃克尔斯和彭菲尔德把人设想为动物，他们认为人的心灵是心理属性的载体，与大脑有联系。假设大脑是心理属性的载体，并没有超越这种误解。

7

谈论大脑的知觉、思考、推测或相信，或者谈论大脑的一个半球知道而另一个半球不知道的东西，在当代神经科学家中很普遍。这有时被辩解为只不过是无足轻重的说话方式。但这是完全错误的。因为当代认知神经科学的典型解释形式是把心理属性归因于大脑及其部分，以解释人类对拥有的心理属性和认知能力的运用（以及在运用中的缺陷）。

我们指出，将心理属性（特别是认知和思考属性）归于大脑也是进一步混乱的根源。神经科学可以研究动物获得、拥有和运用各种感知能力的神经条件和神经伴随物。它可以发现运用人类特有的思考和推理能力、清晰的记忆和想象力、情感和意志力的神经先决条件。这可以通过在神经现象和心理能力的拥有和运用之间，以及在神经损伤和正常心理功能的缺陷之间进行耐心的归纳关联。然而它不能用神经学的解释来取代对人类活动的理由、意图、目的、目标、价值、规则和惯例的广泛的普通心理学解释。[6]并且它不能通过参考大脑的或大脑的某些部分的感知或思考来解释动物的感知或思考。因为把这种心理属性归于任何低于动物整体的东西都是没有意义的。是动物在感知，而不是其大脑的某些部分，是人类在思考和推理，而不是他们的大脑。大脑及其活动使我们——而不是它——有可能感知和思考，感受情绪，形成和执行计划。

8

面对概念混淆的指责，许多神经科学家的最初反应是声称将心理学谓词（psychological predicates）归于大脑只是一种说话方式，但他们对他们的解释性理论非平凡地将心理能力归于大脑这一显而易见的事实的反应有时是在暗示，由于语言的缺陷，这一错误是不可避免的。我们正视这种误解[7]并表明，神经科学的伟大发现并不需要这种被误解的解释形式——已经发现的东西可以很容易地用我们现有的语言来描述和解释。我们通过参考斯佩里（Sperry）、加扎尼加（Gazzaniga）以及其他人描述的（或者，我们认为是错误描述的）大脑连合切断术后引起大量讨论的现象来证明这一点。

在《神经科学的哲学基础》一书的第二部分，我们研究了知觉、记忆、心理意象、情感和意志等概念在当前神经科学理论中的使用。从一个个实例中我们发现，概念上的不清晰，即没有对相关的概念结构给予足够的关注，往往是理论错误的根源，也是错误推论的理由。假设知觉是在头脑中领会一个图像（Crick，Damasio，Edelman），或产生一个假说（Helmholtz，Gregory），或生成一个 3D 模型描述（Marr），这是一个错误，一个概念性错误。将绑定问题表述为将形状、颜色和运动的数据结合起来以形成所感知的对象的图像的问题是令人困惑的，这是一种概念上的混淆（Crick，Kandel，Wurtz）。认为记忆总是关于过去的，或者认为记忆可以以突触连接强度的形式储存在大脑中，这是错误的，概念上是错误的（Kandel，Squire，Bennett）。认为研究口渴、饥饿和欲望是对情绪的研究（Roles），或者认为情绪的功能是告知我们的内脏和肌肉骨骼的状态（Damasio），这是错的，在概念上也是错误的。

9

对这种批评意见的最初反应很可能是愤慨和难以置信。一门蓬勃发展的科学怎么可能从根本上出现错误呢？在一门成熟的科学中，怎么会存在不可避免的概念混淆呢？当然，如果存在有问题的概念，它们可以很容易地被其他没有问题且服务于相同解释目的的概念所取代。——这样的反应意味着对表现形式和所表述的事实之间的关系缺乏理解，这也是对概念错误的本质的误解。他们还暴露了对一般科学史，尤其是对神经科学史的无知。

科学并不比任何其他形式的智力活动更能避免概念上的错误和混淆。科学史上到处都是理论的残骸，这些理论不仅在事实上是错误的，而且在概念上也有偏差。例如，施塔尔（Stahl）的燃烧理论就在概念上有缺陷，它在某些情况下将负重量归因于燃素——一个在牛顿物理学的框架内毫无意义的概念。爱因斯坦对电磁以太理论（认为光是通过以太这种假定的介质传播的理论）的著名批评不仅针对迈克尔逊–莫雷实验的结果（该实验未能检测到任何绝对运动的影响），而且还针对涉及以太在电磁感应解释中所起作用的相对运动的概念混淆。神经科学也不例外——正如我们在历史考察中所展示的那样。[9]诚然，这个学科现在是一门繁荣的科学。但这并不能使他免于概念上的混淆和纠缠。牛顿运动学曾经也是兴盛的科学，但这并不能阻止牛顿在超距作用的可理解性方面陷入概念混淆，或在力的本质方面陷入困惑（直到赫兹才得到纠正）。同样，谢灵顿在解释脊髓中突触的综合作用方面取得了卓越成就，并因此一劳永逸地消除了“脊灵”（“spinal soul”）这一个混乱观念，这与关于“脑灵”和心灵以及与大脑之间的关系的概念混淆完全是并存的。类似的是彭菲尔德在确定大脑皮层的功能定位，以及发展出色的神经外科技术方面所取得的非凡成就，与关于心灵和大脑之间的关系以及关于“最高大脑功能”［借用于休林斯·杰克逊（Hughlings Jackson）的一个概念］的广泛混淆是完全并存的。 10

简而言之，概念上的纠缠可以与繁荣的科学共存。这似乎令人费解。如果科学在这种概念混淆的情况下仍能蓬勃发展，那么科学家们为什么还要在乎它们呢？——暗礁的存在并不意味着大海无法通航，只是意味着航行是有危险的。有待讨论的问题是如何驶过这些暗礁。概念混淆可能会在研究中的不同地方以不同的方式表现出来。在某些情况下，概念不清可能既不影响问题的说服力，也不影响实验的有效，而只是影响对实验结果及其理论意义的理解。因此，例如，牛顿在《光学》（*Optics*）一书中着手探寻对颜色的特征的洞悉。这一研究对科学的贡献是永久性的。但他的结论“颜色是感觉器官中的感觉”表明，他未能达到他所渴望的那种理解。因为无论颜色是什么，都不会是“感官中的感觉”。因此，只要牛顿关心对其研究结果的理解，那么他就有充分的理由关心他所经历的概念混淆——因为它们妨碍了充分的理解。

然而，在其他情况下，概念混淆并不会如此幸运被排除在实证研究之外。被误导的问题很可能导致研究徒劳无功。[10]不同的是，对概念和概念结构的误解有时会产生并非无用的研究，但却无法展现其设计的初衷。[11]在这种情况下，科学可能并不像看上去那么繁荣。这就需要通过概念研究来发现问题并解决问题。

11 这些概念混淆是不可避免的吗？完全不是。写这本书的目的就是展示如何避免它们。但当然，如果其他一切照旧的话，概念混淆就是无法避免的。它们是可以避免的——但如果避免了，那么某些问题就不会再被提出来，因为它们会被认为是建立在误解的基础上的。正如赫兹在他的《力学原理》的精彩导言中所说："当这些棘手的矛盾被消除后，……我们的头脑不再感到困扰，就不会再提出不合逻辑的问题了。"同样，某些类型的推论将不再从特定的实证研究中得出，因为人们会意识到，尽管它可能对其他事物有影响，但它对它本来要阐明的问题影响很小或根本没有影响。

如果存在有问题的概念，难道不能用其他具有相同解释功能的概念来替代吗？如果科学家发现现有概念不充分或不够完善，他总是可以自由地引入新概念。但我们在本书中关注的不是新专业概念的使用。我们关注的是旧的非专业性概念的误用——心灵和身体的概念、思维和想象的概念、感觉和知觉的概念、知识和记忆的概念、自主运动的概念以及意识和自我意识的概念。这些概念相对于它们所服务的目的来说并没有什么不妥之处。没有理由认为它们在我们关注的情景中需要被替代。问题在于神经科学家对它们的错误解释以及由这种错误解释而产生的误解。这些问题可以通过对有关概念的逻辑——语法特征的正确解释来纠正。这正是我们试图提供的。

诚然，神经科学家使用这些普通的或日常的概念的方式可能与普通人不同，但哲学有什么权利要求纠正他们呢？哲学怎么能如此自信地评判有能力的12 科学家所使用的概念的清晰性和连贯性？哲学以什么身份声称，由专业老练的神经科学家提出的某些论断毫无意义？我们将在下文中解决这些方法论上的疑惑。但是，在此作一些初步的澄清也许可以消除一些疑虑。真假问题属于科学，意义问题属于哲学。观察和理论上的错误导致谬误；概念上的错误导致缺乏意义。如何考察意义的界限？仅能通过考察词语的使用。无意义常常产生于一个表述违反了它的使用规则。所讨论的表述可能是普通的非专业的表达，在这种情况下，可以从它的标准用法和公认释义中得出它的使用规则。或者它可能是一个专业术语，在这种情况下，必须从理论家对这个术语的引入和他对其规定用法的解释中得出它的使用规则。这两种术语都可能被误用，而一旦被误用，就会出现无意义的情况——一种被排除在语言之外的词语形式。因为，要么没有规定这个词在有关的反常语境中是什么意思，要么这个词的形式实际上被一条规则排除在外，这条规则规定“不存在……这样的东西……”（例如，不存在“北极以东”，这是一种没有用处的词语形式）。当一个现存的表达被赋予一个新的也许是专业性的或准专业性的用法，而新的用法又无意中与旧的用法相交叉时，通常也会产生无意义的内容，例如，从包含新术语的命题中得出的推论，只能从旧术语的用法中正当地得出。概念批评家的任务就是识别这种对意义界限的僭越。当然，仅仅证明某位科学家违背了术语的常规用法是不够的——因为他很可能是在新的意义上使用这个术语。批评家必须证明，这位科学家打算按惯例意义来使用这个术语，但却没有这样做，或者他打算按新的意义来使用这个术语，但却无意中把新的意义和旧的意义混为一谈了。只要有可能，对受到谴责的科学家的指责，应当出自他本人之口。[12]

13

我们希望警惕的最后一个误解是，有人认为我们的反思总是消极否定的。人们可能会认为，我们所关心的只有批评。表面上看，我们的工作只不过是一项破坏性的事业，既没有提供援助，也没有开辟新的前进道路。更有甚者，我们的工作似乎造成了一场哲学与认知神经科学之间的对抗。事实远非如此。

我们写这本书是出于对20世纪神经科学成就的钦佩，并希望能对此学科有所助益。但概念研究可以帮助实证科学的唯一方法就是识别概念错误（如果有的话）并提供一张地图，来预防实证研究人员偏离意义的大道。我们的每项研究都有两个方面。一方面，我们试图找出当前关于知觉、记忆、想象、情感和意志的重要理论中的概念问题和纠缠。此外，我们认为，当代许多关于意识和自我意识本质的文章都受到了概念难题的困扰。我们研究的这一方面确实是消极的和批评性的。另一方面，我们通过一个个实例，努力对每一个有问题的概念的概念领域进行清晰的表述。这是一种建设性的努力。我们希望这些概念概述能够帮助神经科学家在设计实验之前进行反思。然而，提出可能解决科学家所面临的实证问题的实证假设并不是概念研究的任务。抱怨认知神经科学的哲学研究没有贡献出新的神经科学理论，就像抱怨数学家证明的新定理不是新的物理理论一样。

注释

这部分是《神经科学的哲学基础》序言的原文，除删去最后两段和删除交叉引用外，其余均未作改动，必要时以注释代替。(以下将《神经科学的哲学基础》简称为 PFN)。

1. 对这些区别在方法论上的反对意见将在续篇中探讨，更详细的内容将在 PFN 第 14 章中探讨。

2. PFN 第 1 章相应地从神经科学早期发展的历史考察开始。

3. PFN 的第 2 章相应地致力于对其概念承诺进行批判性审查。

4. PFN §3.10。

5. 见下文 PFN 第 3 章节选。原文章比这里提供的节选要长得多，论证也相应地更加详尽。

6. 还原论在 PFN 第 13 章讨论。

7. 在 PFN 第 14 章中。

8. 见 PFN §14.3。

9. 见 PFN 第 1 章和第 2 章。

10. PFN §6.31 和 PFN §8.2 审查了可以说使研究徒劳无益的例子，PFN §6.31 审查了心理想象，PFN §8.2 研究了自主运动。

11. PFN §§5.21－5.22 中关于记忆的讨论，以及 PFN §7.1 中关于情绪和食欲的讨论，都给出了一些例子。

12. 我们在 PFN 第 3 章§3（本卷）和 PFN 第 14 章中详细论述了方法上的问题。

二、第3章节选

3.1 认知神经科学中的分体论混淆①

1. 将心理属性归于大脑

现代脑神经科学家的前两代领军人物从根本上说是笛卡尔主义者。像笛卡尔一样，他们将心灵与大脑区分开来，并将心理属性归于心灵。因此，将这些谓词归于人类是派生的——正如在笛卡尔的形而上学中一样。然而，第三代神经科学家拒绝接受他们老师的二元论。在解释人类拥有心理属性的过程中，他们不是把这些属性归因于心灵，而是归因于大脑或大脑的一部分。 *15*

神经科学家认为，大脑具有广泛的认知、思考、感知和意志的能力。弗朗西斯·克里克（Francis Crick）断言：

> 你所看到的事物并非实际这样存在的，而是你的大脑相信它是这样存在的……你的大脑会根据既往的经验和眼睛所提供的有限而模糊的信息做出最好的解释……大脑将视觉场景的许多截然不同的特征（形状、颜色、运动等方面）所提供的信息结合起来，并汇集起来这些不同的线索做出最合理的解释……大脑必须建立对视觉场景的多层次解释……［填充］使大脑能够从仅有的部分信息中猜测出一幅完整的画面——这是一种非常有用的能力。[1] *16*

因此，大脑具有经验、相信事物、根据所获得的信息解释线索并进行猜测。杰拉尔德·埃德尔曼（Gerald Edelman）认为，大脑内部的结构“对发生

① 该处序号“3.1”及下文的“3.2”为原书的章节序号。此处为文章摘选，故保留原书序号。后文第10章、第14章的摘选亦同此。——译者注

在不同类型的全局映射中的各种大脑活动进行分类、辨别和重组”。大脑“递归地将语义与音位序列联系起来，然后形成句法对应，这不是从预先存在的规则中产生的，而是通过将记忆中形成的规则视为对象进行概念操作”。[2]据此，大脑能够分类，事实上，它“对自己的活动（尤其是感知）进行分类”，并对规则进行概念操作。科林·布莱克莫尔（Colin Blakemore）认为：

> 我们似乎不得不说，这种神经元［以高度特异性的方式做出反应，例如，直线定向］具有知识。它们具有智能，因为它们能够估计外部事件的概率——这些事件对动物来说很重要。大脑通过类似于经典科学方法的归纳推理过程获得知识。神经元根据它们检测到的详细特征为大脑提供论据，大脑根据这些论据构建其感知假说。[3]

17 所以，大脑能够认识事物，能进行归纳推理，能基于证据构建假设，构成大脑的神经元是智能的，可以估计概率并提供论据。J. Z. 杨（J. Z. Young）也持有同样的观点，他认为：“我们可以将所有的观察视为对大脑所提出问题的答案的不断探索。来自视网膜的信号构成了传达这些答案的‘信息’。然后，大脑利用这些信息来构建一个关于存在什么的合适假说。”[4]由此可知，大脑提出问题，寻找答案，并构建假说。安东尼奥·达马西奥（Antonio Damasio）声称：“我们的大脑通常可以在几秒钟或几分钟内做出决定，具体取决于我们为想要实现的目标设定的时帧，既然它们能够做到这一点，那么它们一定不仅仅是凭借纯粹的推理完成了这项了不起的工作。”[5]本杰明·利贝特（Benjamin Libet）则认为：“在任何值得报告的关于决定已做出的主观意识产生之前，大脑便‘决定’发起（或者至少是准备发起）行动。”[6]所以大脑可以决定并发起自主行动，或者至少“决定”。

心理学家对此表示赞同。J. P. 弗里斯比（J. P. Frisby）主张：“大脑中一定存在对外部世界的符号化描述，这种描述是用符号铸成的，这些符号代表了视觉所能感知到的世界的各个方面。”[7]因此，大脑中有符号，大脑使用并很可能理解符号。理查德·格里高利（Richard Gregory）认为，视觉“可能是大脑所有活动中最复杂的：调用其存储的记忆数据；需要精细的分类、比较和逻辑判断，才能将感官数据转化为知觉”。[8]因此，大脑会进行观察、分类、比较和决策。认知科学家也有同样的想法。大卫·马尔（David Marr）认为："我们的大脑必须以某种方式能够表征……信息。……因此，对视觉的研究必须包括……对内部表征本质的探究，我们通过内部表征捕捉这些信息，并将其作为我们思想和行动决策的基础。"[9]菲利普·约翰逊-莱尔德（Philip Johnson-Laird）认为，大脑"可以调用自身潜能的局部模型"，并通过"递归系统进行模型的嵌套"；他主张，意识"是一类并行算法的属性"。[10]

18

2. 质疑将心理属性归于大脑的可理解性

随着人们在对大脑功能以及解释人类拥有和行使其固有的思维和感知能力的前提条件的恰当方式上达成了广泛共识，人们倾向于狂热地宣称——新的知识领域被征服了，新的秘密被揭开了。[11]但我们应该慢慢来，停下来思考一下。我们知道人类如何体验事物、观察事物、了解或相信事物、做出决定、解释模棱两可的数据、猜测和形成假设。我们了解人类如何进行归纳推理、估计概率、提出论点、对他们在经验中遇到的事物进行分类和归类。我们提出问题并寻找答案，使用一种符号系统（即我们的语言）表示事物。但我们是否知道大脑能够看到或听到什么，大脑能够体验什么，知道或相信什么？我们对大脑如何做出决定有任何概念吗？我们是否理解大脑（更不用说神经元了）是如何推理（无论是归纳还是演绎）、估计概率、提出论点、解释数据以及根据其解释形成假设？我们可以观察一个人是否看到了某些东西或其他——我们可以看他的行为并向他提问。但是，观察一个大脑是否看到了什么——不同于观察看到某物的某人的大脑——又会是什么呢？我们能够识别一个人何时提出问题以及另一个人何时回答该问题。但是，我们对大脑是如何提出问题或回答问题有任何概念吗？这些都是人类的属性。大脑也从事这些人类活动，这是一个新发现吗？还是神经科学家、心理学家和认知科学家出于良好的理论原因，将这些心理学表述的日常用法扩展开来的一种语言创新？或者，往坏处说，这是一种概念上的混淆吗？会不会是根本就不存在大脑的思考或知道、看见或听到、相信或猜测、拥有和使用信息、构建假设等等，也就是说，这些形式的词语没有任何意义？但是，如果不存在这样的东西，为什么那么多杰出的科学家认为这些短语确实有意义，并且使用它们呢？

19

3. 将心理属性归于脑是否可被理解，这是一个哲学问题，因此是一个概念问题，而不是一个科学问题

我们面对的问题是一个哲学问题，而不是科学问题。它要求概念上的澄清，而不是实验研究。我们无法通过实验来研究大脑是否思考、相信、猜测、推理、形成假说等，直到人们知道大脑这样做会是什么，也就是说，直到我们清楚这些词语的含义，知道大脑怎样（如果有的话）才算得上是大脑做到了这些，知道什么样的证据支持将这些属性归因于大脑［你不可能找到地球的极点，直到你知道地球的极点是什么，也就是说，“极点”这个表达意味着什么，还有怎样才算找到了地球的极点。否则，你可能像小熊维尼一样着手去往“东极（East Pole）”的探险］。有争议的问题是：将这些属性归于大脑是否有意义？是否存在大脑思考、相信等这种事？（是否存在“东极”这种东西？）

在《哲学研究》一书中，维特根斯坦说过一句深刻的话，直接关系到我们所关心的问题。“只有对于活生生的人和类似于（表现得像）活生生的人的东西，你才能说：他有感觉；他能看，或是盲的；能听，或是聋的；有意识或丧失意识。”[12]这概括了我们的研究应该试图得到的结论。由于他惯有的简洁性陈述，有必要对此详细说明，它的后续问题也需要进行阐释。

20 这个观点与事实不符。只有人类和表现得像人类的东西才可以说是这些心理谓词的主语，这不是一个事实问题。如果是，那么神经科学家最近的一项发现可能就是：大脑也能看到和听到，也能思考和相信，也能提出和回答问题，也能在形成的基础上形成假设和做出猜测。当然，这样的发现将表明，不仅是人和行为像人的东西才可以这样说。这将是惊人的，我们应该想听到更多。我们应该想知道这一重大发现的证据是什么。但实际情况当然不是这样的。表明大脑，就像我们自己一样，确实会思考和推理（与我们之前相信的截然相反）的神经科学发现并不能合理地将心理属性归于大脑。采用这些表述形式的神经科学家、心理学家和认知科学家并不是因为观察到大脑会思考和推理而这样做的。苏珊·萨维奇-朗博（Susan Savage-Rambaugh）提出了令人震惊的证据，表明倭黑猩猩在经过适当的训练和教导后，能够提出和回答问题，能够进行基本的推理，能够下达和服从命令，等等。证据在于它们在与我们互动时的行为（包括如何使用符号）。这确实非常令人惊讶。因为没有人认为猿类可以获得

这种能力。但是，如果认为大脑的认知和思考属性是建立在类似证据的基础上，那就太荒谬了。之所以荒谬，是因为我们甚至不知道什么能够证明大脑具有这种属性。

4. 将心理属性误归于大脑是一种变相的笛卡尔主义

那么，为什么这种表述形式以及与之相伴的解释形式未经论证或反思就被采用了呢？我们猜想答案是——不假思索地坚持了一种变相的笛卡尔主义的结果。笛卡尔二元论的一个典型特征是将心理谓词归于心灵，并且仅派生地归于人类。谢灵顿及其门生埃克尔斯和彭菲尔德在反思他们的神经学发现与人类知觉和认知能力之间的关系时，坚持了二元论的形式。他们的后继者拒斥二元论——这相当正确。但是，二元论者归于非物质心灵的谓词，第三代脑神经科学家却不加思索地将其转而应用到了大脑上。这不过是神经科学拒斥笛卡尔二元论后的一个看似无害的必然结果。这些科学家进而参照大脑对其认知和感知能力的运用来解释人类的认知和感知能力及其运用。

21

5. 将心理属性归于大脑是毫无意义的

我们的论点是：将心理谓词应用于大脑是毫无意义的。这并不是说大脑事实上不会思考、假设和决定、看见和听到、提问和回答问题，而是说，把这些谓词或它们的否定形式归于大脑是没有意义的。大脑既不是能看见也不是瞎的——就像木棍和石头并没有醒着，但他们也没有睡着一样。大脑没有听觉，但它不是聋子，就像树不是聋子一样。大脑不做决定，但它也不是优柔寡断的。只有能够做决定的才能够是优柔寡断的。同样，大脑不可能有意识，只有有大脑的生物才可能有意识或无意识。大脑在逻辑上不适合作为心理谓词的主语。只有人和表现得像人的东西，才可以明白无误地被说成是能看见或瞎的，能听到或聋的，能提问或忍住不问。

因此，我们的观点是概念性的。把心理谓词（或其否定）归于大脑是没有意义的，除非是隐喻或转喻。这样的词语组合并没有说错什么，相反，它什么也没说，因为它缺乏意义。心理谓词在本质上只能应用于生物整体，而不能用于其部分。不是眼睛（更不用说大脑了）看到东西，而是我们用我们的眼睛看到（我们不是用大脑看到东西的，尽管如果没有大脑在视觉系统方面的

22

正常功能，我们就看不到东西）。同样，听到的不是耳朵，而是有耳朵的动物听到。动物的器官是动物的组成部分，心理谓词归于整个动物，而不是动物的组成部分。

6. 神经科学家将心理属性归因于大脑，这可以被称为神经科学中的“分体论谬误”

分体论（Mereology）是部分/整体关系的逻辑。神经科学家将逻辑上只归于整个动物的属性归于动物的组成部分，这种错误我们称之为神经科学中的“分体论谬误”。[13]只适用于人类（或其他动物）作为整体的心理谓词不能被可理解地应用于其部分（例如大脑）的原理，我们在神经科学中称之为“分体论原理”。[14]人（但不是他们的大脑）可以说是有思想的，或是没有思想的；动物（但不是他们的大脑，更不用说他们的大脑半球）可以说是看、听、闻和尝到东西；人（但不是他们的大脑）可以说能做决定的或是优柔寡断的。

需要指出的是，有许多谓词既能用于一个给定的整体（尤其是人），也能用于它的各个部分，而且对其中一部分的适用可以从对另一部分的适用中推断出来。一个人可以被晒黑，他的脸也可以被晒黑；他可能浑身冰冷，所以他的手也会是冰冷的。同样，我们有时会把一个谓词的适用范围从一个人扩大到人体的各个部分。例如，我们说一个人抓住了把手，同时也说他的手抓住了把手；他滑倒了，同时也说他的脚滑倒了。这没有任何逻辑错误。但心理谓词只适用于人（或动物）的整体，而不适用于身体及其各个部分。有一些例外，例如“伤害”等感觉动词适用于身体的各个部分，如“我的手受伤了”“你弄疼我的手了”。[15]但是，我们所关注的一系列心理谓词，即神经科学家、心理学家和认知科学家在解释人的能力及其运用时所引用的那些谓词，不能被确切地应用于身体的各个部分。尤其不能被可理解地用于大脑。

23

3.2 方法论的疑虑

1. 对神经科学家犯分体论谬误的指控的方法论上的反对

如果一个人把一个谓词归于一个在逻辑上是不可能适用的实体，而且有人向他指出了这一点，那么可以预料的是，他会义愤填膺地坚持说他不是“那个意思”。毕竟，他可能会说，由于无意义的话是一种什么都没说的语言形式，无法描述任何可能的事态，他显然不是意指无意义的话——也不可能意指无意义的话，因为没有什么可意指的。因此，他的话绝不能按照通常的意义来理解。这些有问题的表述也许是在特殊意义上使用的，实际上只是同形异义词；或者是习惯用法的类比扩展——这在科学中确实很常见；或者是在隐喻或比喻的意义上使用的。如果这些回避路线是可能的，那么指控神经科学家是分体论谬论的受害者就是毫无根据的。虽然他们使用和普通人所用一样的心理学词汇，但他们是以不同的方式来使用这些词汇。因此，根据这些表达的日常用法来反对神经科学家的用法是不恰当的。

然而，事情并没有那么简单。当然，以这种方式错误地归因谓词的人并不打算说出一种缺乏意义的词语形式。但是，他并不是故意说没有意义的话，这并不意味着他没有这么做。虽然他自然会坚持说他“不是那个意思”，说那个谓词不是按照它的习惯意义使用的，但他的坚持并不是最终的权威。这件事的最终权威是他自己的推理。我们必须看他从自己的话中得出的结果——正是他的推论将表明他是在新的意义上使用谓词还是误用了谓词。如果要谴责他，那也应当出自他本人之口。 24

所以，让我们看一看那些旨在证明神经科学家和认知科学家并没有犯我们所指责的错误的回避路线吧。

2. 反对一［乌尔曼（Ullman）］：这样使用的心理谓词是普通心理谓词的同形异义词，具有不同的专业含义

首先，也许有人会说，神经科学家实际上是在使用同形异义词，而这两个词的意思完全不同。科学家们在新理论的压力下引入一种新的说话方式，这并没有什么不寻常的，更不用说有什么不妥的了。如果这让无知的读者感到困惑，那么这种困惑就很容易解决。当然，大脑并不会按字面意义上去思考、相信、推断、解释或假设，而是思考＊、相信＊、推断＊、解释＊或假设＊，它们并不拥有或构建符号表征，而是符号表征＊。[16]

3. 反对二（格里高利）：这样使用的心理谓词是普通表达方式的类比延伸

其次，可以说神经科学家是通过类比来扩展相关词汇的日常用法——就像在科学史上经常做的那样，例如在电学理论中对流体力学的类比扩展。因此，以在日常说法中这些谓词只适用于整个动物为由，而反对将心理逻辑谓词归于大脑，这将显示出一种语义惯性。[17]

4. 反对三（布莱克莫尔）：神经科学家将心理属性归于大脑是形象的或隐喻的，因为他们清楚地知道大脑不会思考或使用“地图”

最后，也许有人会说，神经科学家并不真的认为大脑会像我们一样进行推理、争论、提问或回答问题。他们并不真的认为大脑会解释线索、进行猜测或包含描述外部世界的符号。尽管他们说大脑中有“地图”，大脑包含“内部表征”，但他们并没有使用这些词的普通或通俗含义。这是形象化和隐喻性的说法，有时甚至是诗意的特许。[18]因此，神经科学家们丝毫不会被这种说法所误导——他们非常清楚自己的意思，但除了隐喻或比喻之外，他们缺乏表达这种意思的词语。

5. 对神经科学家在特殊专业意义上使用心理学词汇的反对意见的答复

关于将心理谓词归于大脑所涉及的心理学词汇的误用问题，所有证据都表明，神经科学家并没有在特殊意义上使用这些术语。他们所使用的心理学术语绝非新的同形异义词，而是在习惯意义上被引用的，否则神经科学家就不会从这些术语中得出他们所得出的推论。当克里克断言“你所看到的事物并非实际这样存在的，而是你的大脑相信它是这样存在的……”重要的是，他是在认为的通常意义上去相信使用的，它的意思与某个新词“相信*”并不相同。因为在克里克的叙述中，信念是基于先前经验和信息的解释的结果（而不是基于先前经验*和信息*的解释*的结果）。当赛米尔·泽基（Semir Zeki）说知识的获得是“大脑的原始功能”[19]时，他指的是知识（而不是知识*）——

否则他就不会认为未来神经科学的任务是解决认识论的问题（而只可能是认识论*的问题）。同样，当J. Z. 杨谈到大脑包含知识和信息，这些知识和信息被编码在大脑中，“就像知识可以记录在书本或计算机中一样”[20]，他指的是知识（而不是知识*）——因为可以记录在书本和计算机中的是知识和信息（而不是知识*和信息*）。当米尔纳（Milner）、斯奎尔和坎德尔谈到“去澄清记忆”时，他们解释说，这个短语表示“通常意义上的‘记忆’”[21]，但接着又宣称，这种记忆（而不是记忆*）是“储存在大脑中的”。这就预设了在大脑中存储记忆（通常意义上的记忆）是有意义的。[22]

6. 答复乌尔曼：大卫·马尔论“表征”

对“分体论谬误”的指责不可能那么容易被驳回。但是，当谈到大脑中的内部表征和符号表征（以及地图）时，西蒙·乌尔曼（Simon Ullman）似乎有更充分的理由。如果“表征”不是通常意义上的表征，如果“符号”与符号无关，那么谈论大脑中的内部符号表征可能确实也无妨（如果“地图”与地图册无关，而只与映射有关，那么说大脑中有地图可能也无妨）。增加同形异义词是非常不明智的，但这并不涉及概念上的不连贯，只要这样使用这些术语的科学家不要忘记这些术语此时并不具有其通常的意义。不幸的是，他们通常会忘记这一点，并继续将新用法与旧用法交叉，从而产生不连贯。乌尔曼为马尔辩护，坚持认为（完全正确地）某些大脑事件可以被视为深度、方位或反射率的表征*，[23]也就是说，人们可以将某些神经放电与视野中的特征相关联（将前者称为后者的“表征*”）。但显然这并不是马尔的全部意思。他声称，数字系统（罗马或阿拉伯数字、二进制符号）是表征。然而，这些符号与因果关系无关，而是与表征约定有关。他声称，“对一个形状的表征是描述形状某些方面的形式概型，以及规定如何将该概型应用于任何特定形状的规则”[24]，形式概型是“一组符号，以及将它们组合在一起的规则”[25]，并且“因此，表征根本不是一个陌生的概念——我们一直在使用表征。然而，在我看来，通过使用符号对现实进行描述，可以捕捉到现实的某些方面，而且这样做是有用的，这是一个强有力且迷人的想法”[26]。但是，我们“无时无刻不在使用表征”，表征是受规则支配的符号，它们被用来描述事物，这种意义是“表征”的语义意义——而不是新的同形异义的因果意义。[27]马尔落入了自己制造

27

的陷阱。他实际上是把乌尔曼的表征＊与表征混为一谈了，前者是因果相关，后者是符号或符号系统，其语法和意义由约定俗成的规则决定。

7. 答复乌尔曼：J. Z. 杨论“地图”和弗里斯比论“符号表征”

同样，如果说大脑中的“地图”是指视野中的某些特征可以对应到“视觉”纹状皮层的细胞群的放电上，那么这种说法就会引起误解，但也无伤大雅。但我们不能像J. Z. 杨那样继续说，大脑利用它的“地图”来形成关于可见事物的假设。因此，只要“符号”与语义无关，而只表示“自然意义”（如“烟意味着火”），说大脑中有符号表征也无妨。但是，我们不能像弗里斯比那样继续说：“大脑中一定存在对外部世界的符号化描述，这种描述是用符号铸成的，这些符号代表了视觉所能感知到的世界的各个方面。”[28]因为“符号”的这一用法显然是语义性的。尽管烟雾意味着火，但它只是属于火的标志（一种归纳得出的相关指示），并不是火的信号。从远处山坡上升起的烟雾并不是描述火的符号，而“视觉”纹状皮层中神经元的放电也不是对视野中物体的符号描述，尽管神经科学家可以根据他对动物“视觉”纹状皮层中哪些细胞在放电的了解，推断出动物所能看到的事实。“V_1”细胞的放电可能是动物视野中具有特定线条方向的图形的标志，但它们并不代表任何东西，它们不是符号，也不能描述任何东西。

28

8. 答复第二种反对意见：神经科学家在把心理属性归于大脑时，并没有犯分体论谬误，而只是类比地扩展了心理学的词汇而已

神经科学的用法非但没有概念上的不连贯，反而具有创新性，以新颖的方式扩展了心理学词汇，这似乎提供了另一种方式来回避神经科学家对其发现的描述通常超越意义界限的指责。类比的确是科学洞见的源泉。流体力学类比在电学理论的发展中硕果累累，尽管电流的流动与水的流动并不相同，电线也不是一种管道。有待讨论的问题是：心理学词汇在大脑中的应用是否应被理解为类比。

前景看起来并不乐观。将心理学的表达方式应用于大脑并不是一个充满了实用性的数学关系的（可以通过可量化的定律来表达的）复杂理论的一部分，就像在电学理论中可以找到的那样。似乎需要一些更宽松的东西。因此，心理

学家确实跟随弗洛伊德等人扩展了信念、欲望和动机的概念，以谈论无意识的信念、欲望和动机。当这些概念经过这样的类比延伸时，就会有新的东西需要解释。新扩展的表达式不再具有与以往相同的组合可能性。它们有着不同但重要的相关含义，需要加以解释。例如，（有意识的）信念与无意识的信念之间的关系并不类似于可见的椅子与被遮挡的椅子之间的关系——它不是“就像有意识的信念只是无意识的”，而是更像“$\sqrt{1}$”与“$\sqrt{-1}$”之间的关系。但当神经科学家如斯佩里和加扎尼加在谈到大脑左半球做出选择、进行阐释、认识、观察和解释事物时——从下文可以看出，这些心理学表述并没有被赋予新的含义。否则，就不会说大脑的一个半球“本身就是一个有意识的系统，可以感知、思考、记忆、推理、意愿和情感，所有这些都处于人类特有的层面上”[29]。

29

促使我们认为神经科学家陷入各种形式上的概念不连贯的并不是因为语义惯性。而是因为我们承认心理学表达有逻辑要求。心理谓词只能用于整个动物，而不能用于动物的各个部分。没有任何约定俗成的规则来确定将这些谓词归于动物的某个部分，尤其是大脑的含义。因此，将这些谓词用于大脑或大脑某半球，就超出了意义的界限。这样所得出的结论并不能说是假的，因为如果要说某件事情是假的，我们就必须知道它为真时是什么样的——在这种情况下，我们必须知道大脑的思考、推理、视觉和听觉等功能是什么，并且发现事实上大脑并没有这样做。但我们对此一无所知，因而这些断言并不是错误的。更应该说，这些句子缺乏意义。这并不意味着这些句子是荒唐的或愚蠢的，而是说这些词语形式没有意义，因此它们什么也没说，尽管看起来好像说了。

30

9. 答复第三种反对意见（布莱克莫尔）：把心理谓词应用于大脑只是一种隐喻

维特根斯坦说：“只有对于活生生的人和类似于（表现得像）活生生的人的东西，你才能说：他有感觉；他能看，或是盲的；能听，或是聋的；有意识或丧失意识。”对此，布莱克莫尔评论道：“微不足道，也许是完全错误的。”对于有人指责神经科学家关于大脑中存在“地图”的说法可能会造成混淆（因为他们的意思只是说，人们可以将视野中的事物对应到“视觉”纹状皮层细胞的放电上），布莱克莫尔指出有大量证据表明大脑中存在“活动地形模式”。

自休林斯・杰克逊时代以来，功能细分和地形表征的概念已成为大脑研究的必要条件。绘制大脑图谱的任务远未完成，但过去的成功经验使我们确信，大脑的每个部分（尤其是大脑皮层）都是可能以空间上有序的方式组织起来。就像破解密码，翻译“B”类线形文字或读取象形文字，我们识别大脑秩序所需要的只是一套规则——将神经活动与外部世界或动物体内的事件联系起来的规则。[30]

可以肯定的是，“表征”一词在这里只是表示系统的因果联系。这无伤大31雅。但是，我们不能把它与这样的意义混为一谈：一种语言的句子可以说是代表了它所描述的事态，一张地图可以说是代表了它所绘制的地图，一幅画可以说是代表了它所绘制的画。然而，在使用“表征”一词时的这种模糊性是危险的，因为它很可能导致不同意义的混淆。在布莱克莫尔的进一步论述中，这种混淆是很明显的：

> 面对大脑活动地形模式的极有说服力的证据，神经生理学家和神经解剖学家开始谈论大脑有地图也就不足为奇了，他们认为地图在大脑表征和解释世界的过程中起着至关重要的作用，就像地图册的地图对读者的作用一样。生物学家 J. Z. 杨写道大脑有一种象形语言：“大脑中发生的事情必须忠实地再现其外部事件，大脑中的细胞排列提供了一个世界的详细模型。它通过地形类比来传达意义。”[31]但是，使用“语言”“语法”和“地图”等隐喻性术语来描述大脑的特性是否存在危险？……我不相信任何神经生理学家会相信有一个幽灵制图师在浏览大脑的地图册。我也不认为使用普通语言词汇（如地图、表征、代码、信息甚至语言）是［想象的］那种概念性错误。这种隐喻性想象是经验描述、诗意特许和词汇不足的混合产物。

隐喻性用词是否存在危险，取决于它是否清楚地表明了这只是一种隐喻，也取决于作者是否记得这只是一种隐喻。神经科学家将从字面上只能适用于动物整体的属性归于大脑中，是否真的只是隐喻（转喻或提喻），这一点非常值32得怀疑。当然，神经生理学家并不认为有一个“幽灵制图师”在浏览大脑地图册，但他们确实认为大脑在利用地图。根据 J. Z. 杨的说法，大脑构建假说，是以这种“地形组织的表征”为基础的。[33]有争议的问题是：神经科学家从他们关于大脑中存在地图或表征的说法，或从他们关于大脑包含信息的说法，或从关于“大脑语言”的谈论（J. Z. 杨的谈论）中得出了什么推论？这些所谓的隐喻用途在其使用者的道路上有很多“香蕉皮”。他不一定会踩到它们然后滑倒，却极有可能。

10. 布莱克莫尔的混淆

从上面引用的布莱克莫尔的一段话中可以看出，所谓无害的隐喻是多么容易引起混淆。因为尽管谈论“地图”（即知觉领域的特征对应到对这些特征有系统反应的地形相关细胞组上）可能是无害的，但将这种“地图”说成是“在大脑表征和解释世界的过程中起着至关重要的作用，就像地图册的地图对读者的作用一样”。首先，“解释”一词在这里的含义并不明确。因为“与知觉领域特征系统相关的细胞群之间的地形关系在大脑解释某些事物的过程中起着至关重要的作用”这一说法的含义并不明显。“解释”，从字面上来说，就是说明某事物的含义，或者将不明确的事物理解为一种含义而不是另一种含义。但是，假设大脑能解释任何事物，或者将某件事理解为这一种含义而不是另一种含义，是毫无意义的。如果我们从 J. Z. 杨那里找出他的想法，我们会发现，他声称大脑正是在这种地图的基础上“构建假设和程序”——而这只会让我们陷入更深的泥潭。

33

更重要的是，布莱克莫尔声称“大脑地图”（实际上并不是地图）在大脑“表征和解释世界”的过程中发挥着重要作用，无论我们如何理解这一说法，它都不可能“就像地图册的地图对读者的作用一样”。因为地图是根据制图惯例和投影规则绘制的图像表征。能够阅读地图册的人必须知道并理解这些惯例，并从地图中读出所表征事物的特征。但大脑中的“地图”在这个意义上根本就不是地图。大脑并不类似于地图的读者，因为不能说它知道任何表征惯例或投影方法，也不能说它能根据一套惯例从放电细胞的排列中读出任何东西。因为细胞的排列根本不是按照惯例进行的，它们的放电与知觉领域的特征之间的关联不是约定性的，而是因果性的。[34]

注释

这几页是《神经科学的哲学基础》第68—80页未经改动的内容，除交叉引用外，必要时将其归入注释。

1. F. Crick, *The Astonishing Hypothesis* (Touchstone Books, London, 1995), pp. 30, 32f., 57.

2. G. Edelman, *Bright Air, Brilliant Fire* (Penguin Books, London, 1994), pp. 109f., 130.

3. C. Blakemore, *Mechanics of the Mind* (Cambridge University Press, Cambridge, 1977), p. 91.

4. J. Z. Young, *Programs of the Brain* (Oxford University Press, Oxford, 1978), p. 119.

5. A. Damasio, Descartes' Error-Emotion, *Reason and the Human Brain* (Papermac, London, 1996), p. 173.

6. B. Libet, "Unconscious Cerebral Initiative and the Role of Conscious Will in Voluntary action", *The Behavioural and Brain Sciences* (1985) 8, p. 536.

7. J. P. Frisby, *Seeing: Illusion, Brain and Mind* (Oxford University Press, Oxford, 1980), pp. 8f. 这里令人震惊的是，与笛卡尔和经验主义传统相关的、具有误导性的哲学习语，即关于"外部"世界的论述，已从心灵转移到大脑。它之所以误导人，是因为它试图将内部的"意识世界"与外部的"物质世界"进行对比。但这是令人困惑的，心灵并不是一种场所，成语中所说的在心灵中并不是空间上的定位（参见"在故事中"）。因此，世界（不是"单纯的物质"，也包括生命体）在空间上也不在心灵的"外部"。当然，大脑中的东西与大脑外的东西之间的对比完全是字面意义上的，没有任何异议，有异议的是大脑中存在"符号描述"的说法。

8. R. L. Gregory, "The Confounded Eye," in R. L. Gregory and E. H. Gombrich eds. *Illusion in Nature and Art* (Duckworth, London, 1973), p. 50.

9. D. Marr, Vision, A Computational Investigation into the Human Representation and Processing of Visual Information (Freeman, San Francisco, 1980), p. 3.

10. P. N. Johnson-Laird, "How could Consciousness Arise from the Computations of the Brain?" in C. Blakemore and S. Greenfieldeds. *Mindwaves* (Blackwell, Oxford, 1987), p. 257.

11. 苏珊·格林菲尔德在向电视观众解释正电子发射断层扫描技术的成就时，惊奇地宣布第一次可以看到思想。塞米尔·泽基告诉英国皇家学会的研究员们，新的千年属于神经生物学，它将解决哲学的老问题（见 S. Zeki，“Splendours and Miseries of the Brain，” Phil. Trans.，R. Soc. Lond. R. Soc. Lond. B，1999，354，2054）。参见 PFN §§14.42 。

12. L. Wittgenstein，*Philosophical Investigations*（Blackwell，Oxford，1953），§281（另见 §282－4，357－61）。A. J. P. 肯耶（A. J. P. Kenny，*The Legacy of Wittgenstein*，Blackwell，Oxford，1984，pp. 125－36）阐述了这一评论的基本思想，即“微型人谬误”（1971）。关于维特根斯坦观察的详细解释，见 P. M. S. Hacker，“Wittgenstein：Meaning and Mind，” *Volume 3 An Analytical Commentary on the Philosophical Investigations*（Blackwell，Oxford，1990），Exegesis §§281－284，357－361，“Men，Minds and Machines，” 它探究了维特根斯坦的见解的一些结果。从［PFN］第 1 章可以看出，亚里士多德（DA 408^{b}2－15）在这一点上早于维特根斯坦。

13. A. J. P. 肯耶用“微型人谬误”一词来表示有关的概念错误。他承认，这个词虽然如诗如画，但可能会误导人，因为这个错误并不只是把心理谓词归结为头脑中想象的微型人。我们认为，“分体论谬误”一词更为贴切。不过，应该指出的是，这里所说的错误并不仅仅是把只适用于整体的谓词归于部分的谬误，而是这种更普遍的混淆的一个特例。正如肯尼所指出的，严格地说，谓词的误用并不是谬误，因为它不是一种无效的推理，但它会导致谬误。可以肯定的是，这种分体论上的混淆在心理学家和神经科学家中都很常见。

14. 类似的分体论原理也适用于无生命物体及其某些属性。汽车跑得快，并不能说明它的化油器跑得快；钟表报时准确，并不能说明它的大齿轮报时准确。

15. 但请注意，当我的手疼的时候，是我疼，而不是我的手疼。而感觉动词（与知觉动词不同）适用于身体的各个部分，也就是说，我们的身体是有感觉的，它的各个部分可能会痛、痒、抽痛等。但相应的包含名词的动词短语，如“有疼痛（痒、抽痛的感觉）”，只是人的谓语，而不是他们部位（感觉所在的部位）的谓语。

16. 见 Simon Ullman，“Tacit Assumptions in the Computational Study of Vision”，in A. Gorea ed. *Representations of Vision*，*Trends and Tacit Assumptions in Vision Research*（Cambridge University Press，Cambridge，1991），pp. 314f。他的讨论仅限于“表征”和“符号表征”等术语的使用（或我们认为的误用）。

17. 这个短语是理查德·格雷戈里提出的，见“The Confounded Eye” in R. L. Gregory and E. H. Gombrich eds. *Illusion in Nature and Art*（Duckworth，London，1973），p. 51。

18. 见 C. Blakemore，“Understanding Images in the Brain”，in H. Barlow，C. Blakemore and M. Weston-Smith eds. *Images and Understanding*（Cambridge University Press，Cambridge，1990），pp. 257－83。

19. S. Zeki，“Abstraction and Idealism”，*Nature* 404（April 2000），p. 547.

20. J. Z. Young, *Programs of the Brain* (oxford University Press, oxford, 1978), p. 192.

21. Brenda Milner, Larry Squire and Eric Kandel, "Cognitive Neuroscience and the Study of Memory", *Neuron* 20 (1998), p. 450.

22. 关于这一可疑说法的详细讨论，见 PFN §5.22。

23. 乌尔曼，同上，pp. 314f.

24. 马尔，同上，p. 20 。

25. 马尔，同上，p. 21 。

26. 马尔，同上。

27. 关于对马尔的视觉计算论的进一步批评，见 PFN §4.24 。

28. 弗里斯比，同上，p. 8 。

29. Roger Sperry, "Lateral Specialization in the Surgically Separated Hemispheres", in F. O. Schmitt and F. G. Worden eds. *The Neurosciences Third Study Programme* (MIT Press, Cambridge, Mass., 1974), p. 11. 关于这些描述形式的详细研究，见 PFN §14.3 。

30. Blakemore, "Understanding Images in the Brain", p. 265. 需要注意的是，认识大脑中的秩序所需要的并不是一套规则，而仅仅是一套有规律的相关关系。规则不同于单纯的规律性，它是一种行为标准，一种正确性规范，可以据此判断行为的对错、正确与否。

31. J. Z. Young, *Programs of the Brain* (Oxford University Press, Oxford, 1978), p. 52.

32. 布莱克莫尔，同上，pp. 265 – 7 。

33. J. Z. Young, *Programs of the Brain*, p. 11.

34. 未能区分规则与规律性，以及规范性与因果关系是多么令人困惑，这在布莱克莫尔对彭菲尔德和拉斯穆森的运动"微型人"图的评论中很明显。布莱克莫尔评论"下颌和手被过度代表的方式"；但只有当我们谈论的是一张具有误导性投影方法的地图时，这才有意义[在这个意义上，我们谈论墨卡托（Mercator）（圆柱形）投影的相对失真]。但是，由于卡通画所代表的是负责某些功能的细胞的相对数量，因此没有什么是或可能是"过度代表"的。因为，可以肯定的是，布莱克莫尔的意思并不是大脑中与下颌和手因果相关的细胞比应有的要多！

三、第 10 章节选

10.3 感受质

1. 感受质被视为经验的质的特性——哲学家的概念

哲学家们错误地引入了“感受质”（qualia）这一概念，这极大地增强了将意识概念扩展到整个“经验”领域的诱惑力。不幸的是，神经科学家们接受了这种反常的想法以及与之相关的错误观念。引入“感受质”一词是为了表示所谓的“经验的质的特性”。据称，每一种经验都具有独特的质的特性。奈德·布洛克（Ned Block）认为，感受质“包括感受看、听、闻的方式，以及感受疼痛的方式；更广泛地说，它更像是具有某些心理状态”。感受质是感觉、感受、知觉以及思想和欲望的经验性质。[1]同样，塞尔认为：“每一种意识状态都有其一定的定性的感受，只要举例说明就能明白这一点。品尝啤酒的体验与聆听贝多芬第九交响曲的体验截然不同，而这两种体验与闻到玫瑰花香或看到日落都有不同的质的特性。”[2]与布洛克一样，塞尔也认为思维有一种特殊的定性的感觉：“有一种感觉就像认为二加二等于四一样，这种感觉无从描述，只能说它是一种有意识地认为‘二加二等于四’的特性。”[3]查尔默斯认为，意识研究的主题“最好定性为‘经验的主观性质’”。他认为，某种心理状态是有意识的，“如果它具有质的感受（qualitative feel）——一种相关的经验性质。这些质的感受也被称为现象本质，或简称为感受质。解释这些现象本质的问题就是解释意识的问题”[4]。他也认为思考是具有定性内容的经验：“例如，当我想到狮子时，从现象学来看，对我而言，似乎存在一种狮子鼻孔喷气的特质：想到狮子的感觉与想到埃菲尔铁塔的感觉有微妙的不同。”[5]

35

36

2. 神经科学家接受了哲学家的观念

神经科学家们也赞同感受质的概念。伊恩·格林（Ian Glynn）认为：“虽然感受质最明显地与感觉和知觉相关，但它们也存在于其他心理状态中，如信念、欲望、希望和恐惧，在这些状态有意识的时期中。”[6]达马西奥指出：“感受质是在天空的蓝色或大提琴发出的声音的音调中可以找到的简单感官特质，意象的基本组成部分［它们构成了所谓的知觉］就是由感受质构成的。”[7]埃德尔曼和托诺尼（Tononi）认为：“每一个可区分的意识经验都代表一个不同的特质，无论它主要是一种感觉、一个意象、一种思想，或者甚至是一种情绪……”[8]他们声称“感受质问题”是“意识中可能最令人生畏的问题”。

37

3. 用“拥有经验的感觉”来解释经验的质的特性

意识经验的主观感觉或质的感受反过来又表现为生物体拥有这种经验时的某种感受。这种感受就是经验的主观特性。《劳特利奇哲学百科全书》（*Routledge Encyclopaedia of Philosophy*）告诉我们：“只有存在对某人具有经验的感受、经验或其他的心理实体才在现象上是有意识的。”[9]塞尔解释说：“意识状态是质性的”，“在这个意义上，任何有意识的状态……都有一种处于该状态的质的感受”。[10]这个想法和短语“有一种东西是这样的”的迷人转折，源于哲学家托马斯·内格尔（Thomas Nagel）的一篇题为《成为一只蝙蝠是什么感觉?》的论文。内格尔认为：“一个生物体完全具有意识经验这一事实基本上意味着，作为该生物体，它有某种感受……。从根本上说，一个生物体具有有意识的心理状态，前提是而且仅仅是当它作为该生物体时有某种感受——对该生物体来说存在某种感受。”[11]这也就是生物体的感受，是主观的特性或经验的性质。

4. 内格尔对意识的解释是：“存在……的某种感受”

如果我们想当然地理解了“存在……的某种感受”这句话，那么，内格尔的想法似乎让我们掌握了有意识生物的概念和有意识经验的概念：

（1）一个生物是有意识的或具有意识经验，当且仅当这个生物存在成为该生物的感受。

38

（2）一种经验是意识经验，当且仅当这种经验的主体存在对这种经验的感受时，它才是意识经验。

因此，蝙蝠是存在作为蝙蝠的感受（尽管内格尔声称我们无法想象它是什么样子），而存在我们是人类的感受（他声称我们都知道成为我们有什么样的感受）。

值得注意的是，“对于一个主体来说，存在具有经验E的感受”这一短语并不表示比较。内格尔并没有声称拥有某种特定的意识经验类似于某种东西（例如其他经验），而是说对某个主体而言，存在具有这种经验的感受，也就是说，“感受是什么样的”意在表示“对主体而言是什么样的感受”。[12]然而，令人惊讶的是，内格尔从未告诉我们，即使是关于一种经验，任何人拥有这样的经验是什么感受。他声称，其他物种的经验的质的特性可能是超乎我们想象的。事实上，其他人的经验可能也是如此。“例如，我无法理解一个天生失聪失明的人的经验的主观特性，他也无法理解我的经验。”但是我们知道作为我们是什么样的感受，“虽然我们不具备充分描述它的词汇，但它的主观特性是非常具体的，在某些方面可以用只有像我们这样的生物才能理解的术语来描述”[13]。

5. 哲学家和神经科学家达成共识

哲学家和神经科学家都赞同这一观点。在他们看来，这抓住了有意识的存在和意识经验的本质。因此，戴维斯（Davies）和汉弗莱（Humphrey）主张，“虽然不存在作为一块砖头或一台喷墨打印机是什么感受，但存在作为一只蝙蝠或一只海豚大概是什么感受，而当然存在作为人类是什么感受。一个系统——无论是生物还是人工制品——之所以有意识，只是因为作为这个系统有某种感受”[14]。埃德尔曼和托诺尼都认为：“我们知道作为我们是什么感受，但我们想解释为什么我们有意识，为什么我们有我们之所以是我们的‘感受’——解释主观经验的性质是如何产生的。”[15]而格林则认为，关于我们的经验，例如闻到新磨咖啡的香味、听到双簧管的演奏或看到天空的蔚蓝，“我们只有通过拥有这些经验或曾经拥有过这些经验，才能知道拥有这些经验是什么感受。……就像闻到新磨的咖啡会有一种感受一样，相信什么或渴望什么或害怕什么也会有一种感受（至少是间歇性的）。”

39

因此，“感受质”被认为是“心理状态”或“经验”的质的特性，后一对范畴被解释为不仅包括知觉、感觉和情感，还包括欲望、思想和信念。对于每一种“意识经验”或“有意识的心理状态”来说，主体都会有一种拥有它或置身其中的感觉，这就是可感受的特质——一种“质的感受”。查尔默斯宣称，“解释这些现象本质的问题就是解释意识的问题。”[16]

10.3.1 具有经验“如何感知”

1. 扩展一般意识概念的根本原因

将意识的概念扩展到其合理的谨慎界限之外的一个理由是，经验的独特性、显著性甚至神秘性在于存在对具有经验的感受。有人认为，对具有某种经验的主体而言，只有存在具有这种经验的感受，这种经验才是意识经验。因此，意识是根据经验的质的感受来定义的。视觉、听觉、嗅觉、疼痛，甚至“具有心理状态”都有其特定的感觉（布洛克）；每一种意识状态都有其特定的质的感受（塞尔），每一种可区分的意识经验都代表着不同的感受质（埃德尔曼和托诺尼）。这种质的感受是每一种可区分的经验所独有的，是经验主体拥有这种经验时的感受，或者说是这样的。

40

我们应该对那些用来唤起我们都非常熟悉的东西的奇怪用语产生怀疑。我们将首先考察“感受的方式”，然后再探讨存在“怎样的感受”。

2. 始终存在某种方式可以感受具有“意识经验”吗？

真的存在看、听、闻的感受的某种特定方式吗？人们可能会问一个恢复了视觉、听觉或嗅觉的人“再次看到（听到、闻到）是什么感觉？”你有可能期望这个人回答，“感觉非常好”，或者可能是“感觉很奇怪”。这个问题关系到一个人对行使他所恢复的感知能力的态度——所以，他发现能够重新看到东西是非常美妙的，或者他觉得在失聪多年后能再次听到声音是很奇怪的。在这些情况下，确实有一种重新看到或听到的感觉，即美好或奇怪。但是，如果我们问一个正常人看到桌子、椅子、桌子、地毯等的感觉如何，他会奇怪我们到底在追问什么。当然，看到桌子与看到椅子、桌子、地毯等不同，但这种不同并不在于看到桌子与看到椅子的感受不同。在正常情况下，看到一张普通的桌子或椅子不会引起任何情绪或态度上的反应。这些经验的不同之处在于它们的客体不同。

有人可能会笨拙地说，有某种感受到疼痛的方式。这只是一种迂回曲折的说法，即“存在某处疼痛是什么感受”这个（相当愚蠢的）问题是有答案的，例如，这是非常令人不快的，或者在某些情况下是糟糕的。所以，有人可能会说，存在某种感受偏头痛的方式，即非常不舒服。这种说法无伤大雅，但没有给“对于每一种可区分的经验都有一种特定的方式去感受”这一主张增添说服力。疼痛是个例外，因为根据定义，疼痛具有负面的享乐基调。痛苦本质上是令人不快的感觉。然而，感知并不是拥有感觉的问题。以各种方式对无限多的可能客体的感知往往可以是，但通常不是任何情感或态度的性质（例如，愉快、享受、可怕）的主体，更不用说在每一种知觉形式中每个客体都是不同的。对于一系列可称为“经验”的事物来说，并不存在“一种感觉方式”去拥有它们，也就是说，“对……感受如何？”这个问题是没有答案的。 41

我们不能不同意塞尔的观点，即品尝啤酒的经验与聆听贝多芬第九交响曲的经验是截然不同的，两者都不同于闻到玫瑰花香或看到日落，因为知觉经验本质上是由它们的方式（即视觉、听觉、味觉、嗅觉和触觉）和它们的客体（即它们是关于什么的经验）来识别或限定的。但是，声称这几种经验具有独特的、与众不同的感受，则是另一种完全不同的、更值得怀疑的说法。这一说法更值得商榷，因为其含义模糊不清。当然，对许多人来说，塞尔列举的四种经验通常都是令人愉悦的。愉悦或享受的特性取决于愉悦的客体，这是完全正确的。听贝多芬的第九交响曲不能获得喝啤酒的乐趣，闻玫瑰花香不能获得看日落的乐趣。这是一个逻辑真理，而非经验真理，也就是说，并不是说：事实上，看日落的定性“感受”与闻玫瑰花的“感受”不同——毕竟，两者都可能非常令人愉悦。相反，从逻辑上讲，看日落的愉悦与闻玫瑰花的愉悦不同，因为愉悦的特性取决于愉悦的客体。并不是说每一种经验都有不同的质的特性，即每一种经验都有特定的“感受”。因为，首先，从这个意义上说，大多数经验根本没有质的特性——它们既不令人满意，也不令人讨厌；既不令人愉快，也不令人不愉快；等等。走在街上，我们可能会看到几十个不同的物体。看到一根灯柱和看到一个邮筒是不同的经验——它有不同的“感受”吗？没有；它也没有相同的“感受”，因为看到这两个物体不会引起任何反应——没有任何“质的感受”与看到它们中的任何一个相关联。它们之间的区别并不在于感受的不同，因为问题“V 的感觉如何？”（“V”指的是某些适当的经 42

验）可能会有完全相同的答案——因为不同的经验可能同样令人愉快或不愉快、有趣或无聊。

3. 正确理解经验的质的特性

疼痛（处于疼痛状态）和感知某人感知到的任何东西都可以被称为“经验”。所以，处于某种情绪状态也可以被称为“经验”。因此，当然从事各种各样的活动也是如此。我们可以说，经验是态度谓词的可能主体，也就是说，它们可能是愉快的或不愉快的，可能是有趣的或无聊的，可能是美妙的或糟糕的。正是这些属性可以被称为“经验的质的特性”，而不是经验本身。因此，我们不能可理解地说，看到红色或看到画作《格尔尼卡》、听到声音或听到歌剧《托斯卡》都是“感受质”。因此，当达马西奥说天空的蓝色是“感受质”时，他就改变了“感受质”一词的意义——因为如果物体的颜色是感受质，那么感受质就根本不是经验的质的特性，而是经验对象的质的特性（或者，43 如果认为颜色不是对象的感受质，那么它就是知觉经验内容的成分）。同样，当埃德尔曼和托诺尼声称每一种可区分的意识经验都代表着不同的感受质时，无论是感觉、意象、情绪还是思想，他们都在改变“感受质”一词的意义。因为它显然不是指我们所研究的“经验的质的特性”。至于它到底是什么意思，或者说它应该是什么意思，我们稍后会进行探讨。

需要指出的是，说经验是态度谓词的主体是一种可能会引起误解的说话方式。因为说一种经验（例如看到、观看、瞥见、听到、尝到这个或那个，也包括走路、说话、跳舞、玩游戏、爬山、打仗、画画）有一种特定的质的感受（例如它是令人愉快的、令人高兴的、令人着迷的、令人不快的、令人厌恶的、令人反感的、令人作呕的），只是说经验的主体，即看到、听到、尝到、走路、说话、跳舞等的人，觉得它这样是令人愉快的、令人高兴的、令人着迷的等。因此，经验 E 的质的特性，即拥有该经验的具有如何的感受，就是经验主体对经验 E 的情感态度（对他而言的感受）。

为了避免在此陷入混淆，我们必须区分以下四点：

(1) 许多经验本质上是个性化的，即通过明确它们是什么经验来区分开来。

(2) 每种经验都可能是肯定和否定的态度谓词的主体，如快乐、兴趣、吸引力等的谓词。这并不意味着（而且也是错误的）：每一种经验都是肯定或否定的态度谓词的实际主语。

(3) 每一种不同的经验都是不同的态度属性的主体，可能无法通过参考一个人拥有这些经验的感受来区分。玫瑰的气味与丁香不同。闻玫瑰与闻丁香是不同的经验。人们无法从闻到丁香花的气味中获得闻玫瑰的乐趣。但这些经验很可能同样令人愉快。因此，如果被问及闻玫瑰和闻丁香的感觉如何，答案很可能是一样的，即“令人愉快”。如果这种回答指明了感觉的方式，那么，每一种独特的经验都可以通过其独特的质的特性或特质而被独一无二地识别出来，这显然是错误的。我们不能把经验的质的特性与经验对象的质的特性混为一谈。是后者而不是前者使经验个性化。

44

(4) 即使我们把经验的概念扩展到包括认为某事物如此或思考某事物，本质上区分思考一件事与另一件事的并不是它感受如何或思考其他人所思考的事物有怎样的感受。认为 2 + 2 = 4 不同于认为 25 × 25 = 625，而这两者都不同于认为民主党将赢得下届选举。[17]它们的不同之处在于，它们在本质上是由其客体具体化或个性化的。一个人可以认为某物是如此这般的，或者不附带任何情感态度地去思考某件事或其他事情——因此不需要有“感觉方式”这样的想法。像狮子鼻孔喷气那样的动作可能伴随着想到狮子，想到狮心王理查（Richard Coeurde Lion），或想到莱昂斯咖啡店（Lyons Corner House）。但是，与查尔默斯相反，说明相关的喷气动作并不是为了描述想到这些事物时感觉如何，更不用说独特地个性化思考了。将想到上述的一种感觉与想到狮子喷气动作联系到一起，这并没有回答“想到狮子（狮心王理查，莱昂斯咖啡店）时感受如何?”这个（古怪的）问题，当然也不能把人们想到狮子与想到莱昂斯咖啡店或理查一世区分开来。

注释

1. Ned Block，“Qualia”，in S. Guttenplaned. *Blackwell Companion to the Philosophy of Mind* (Blackwell，Oxford，1994)，p. 514.

2. R. Searle, “Consciousness”, *Annual Review*, p. 560.

3. Ibid., p. 561.

4. Chalmers, *The Conscious Mind* (Oxford University Press, Oxford, 1996), p. 4.

5. D. J. Chalmers, *The Conscious Mind*, p. 10.

6. I. Glynn, *An Anatomy of Thought*, p. 392.

7. A. Damasio, *The Feeling of What Happens*, p. 9. 请注意，这里有一个未经论证的假设，即颜色和声音不是物体的属性，而是感官印象的属性。

8. G. Edelman and G. Tononi, *Consciousnes—How Matter Becomes Imagination*, p. 157.

9. E. Lomand, “Consciousness”, in *Routledge Encyclopaedia of Philosophy* (Routledge, London, 1998), vol. 2, p. 581.

10. Searle, *The Mystery of Consciousness*, p. xiv.

11. T. Nagel, “What is it like to be a bat?”, repr. in *Mortal Questions* (Cambridge University Press, Cambridge, 1979), p. 166.

12. Ibid., p. 170n.

13. Ibid., p. 170.

14. M. Davies and G. W. Humphreys ed. *Consciousness* (Blackwell, Oxford, 1993), p. 9.

15. Edelman and Tononi, *Consciousness—How Matter becomes Imagination*, p. 11.

16. Chalmers, *The Conscious Mind*, p. 4.

17. Cf. Searle, *The Mysteries of Consciousness*, p. 201.

四、第 14 章节选：结语

14.5　它为什么重要

1. 关于它将如何影响下一个实验的问题

我们可以想象一位科学家在阅读我们的分析讨论时的困惑。他可能会对我们的一些关联分析略感兴趣，但又对似乎无休止的逻辑剖析感到困惑。“这一切真的重要吗?”当他读完我们的开篇讨论时，他可能会问。“毕竟”，他可能会继续问，“这将如何影响下一个实验?”我们希望迄今为止一直关注我们的读者不要再问这个问题。因为这表明没有理解。 *45*

我们的分析反思是否会影响下一个实验，这与我们无关。它们可能会，也可能不会——这取决于要做什么实验，以及神经科学家的预设是什么。从我们前面的讨论中可以明显看出，如果我们的论证是有说服力的，那么一些实验最好放弃。[1]有些则需要重新设计。[2]尽管所讨论的问题很可能需要重新措辞，结果也需要用与迄今为止完全不同的方式来描述，但大多数实验很可能不受影响。[3] *46*

2. 我们关心的是对上一个实验的理解

我们关注的不是下一个实验的设计，而是对上一个实验的理解。更普遍地说，概念研究主要有助于理解已知的事物，并有助于澄清有关未知内容的问题。如果我们的反思对下一次实验没有任何影响，那也丝毫没有关系。但是，它们确实对解释先前实验的结果有相当大的影响。而且，它们肯定有助于提出问题、拟定问题以及区分重要的和令人困惑的问题。(如果我们的观点是正确的，那么关于“绑定问题”的疑问，即大脑如何形成图像的问题，在很大程度上就是混淆的表现[4]，而关于心理意象的许多争论都是误解。[5])

3. 它重要吗？如果理解重要，那它就重要

所有这些显明的逻辑剖析，所有这些对词语及其使用的详细讨论，重要吗？神经科学真的需要这些东西吗？如果神经科学努力背后的动人精神是希望了解神经现象及其与心理能力和其行使之间的关系，那么它就非常重要。因为，无论神经科学家的实验多么出色，技术多么精湛，如果他的问题在概念上存在混淆，或者他对研究结果的描述在概念上存在错误，那么他就不会理解他想要理解的东西。

47 大多数在认知神经科学领域工作的当代神经科学家都认为，约翰·埃克尔斯爵士（Sir John Eccles）主张的某种形式的二元论是一个错误[6]——而概念混淆正是埃克尔斯错误的核心所在。我们试图通过参考当代著名认知神经科学家的各种理论来证明，概念上的错误远非通过表面上拒斥各种形式的笛卡尔二元论所能根除的，而是普遍存在的。它影响着所提出问题的说服力、为回答这些问题而设计的实验的特征、对这些实验结果的描述的可理解性以及由此得出的结论的连贯性。这对于理解当前神经科学家已经取得的成就以及认知神经科学的进一步发展无疑都是至关重要的。

4. 为什么它对受过教育的公众很重要

对于受过教育的公众来说，这一点也非常重要。因为无论某些神经科学家是否感到困惑，毫无疑问，他们所采用的描述形式让普通公众感到困惑。可以理解的是，神经科学家渴望传播他们在过去几十年中获得的有关大脑功能的知识，并与受过教育的公众分享他们对自己的学科感到兴奋的一些东西。从该行业众多杰出人士撰写的大量书籍中可以明显看出这一点。但是，通过谈论大脑的思维和推理，谈论大脑的一个半球知道一些事情而不告知另一个半球，谈论大脑在人不知情的情况下做出决定，谈论在心理空间中旋转心理图像，等等，神经科学家们正在助长一种神秘化，培养一种神经神话，这完全是令人遗憾的。因为，首先，这并不能产生普通公众所需要的理解。其次，普通公众将向

48 神经科学寻求其不应该提出且神经科学无法回答的伪问题的答案。一旦公众的幻想破灭，他们就会忽视神经科学能够提出并回答的真正重要问题。这当然很重要。

5. 概念清晰的必要性

我们在本书中一直试图表明，对于认知神经科学来说，概念结构的清晰与实验方法的清晰同样重要。它对我们理解人类能力的生物学根源及其行为所做出的巨大贡献，会因为这种澄清得到照亮，而不是阻碍。因为只有当概念混淆所投下的长长阴影被驱散时，我们才能正确地看待神经科学的成就。

注释

1. 例如，见 PFN §8.2 中关于自主运动的讨论。
2. 例如，见 PFN §6.31 中关于心理意象的讨论。
3. 例如，见 PFN §14.3。
4. 讨论在 PFN §4.23。
5. 如 PFN §§6.3 – 6.31 所述。
6. 见 PFN §2.3。

神经科学和哲学

麦克斯韦・贝内特

一、一段个人历程

49　当传播的动作电位到达突触前神经元轴突末梢的突触（如图 1 中小矩形所示）时，会诱导神经递质分子的释放，如图 1 左下方的突触插图所示。递质穿过狭窄的裂隙扩散并与突触后膜中的受体结合。这种结合导致通道打开，并且通常反过来导致突触后神经元中动作电位的产生（Sieburth et al. 2005）。我花了四十多年的时间研究突触传递的相关机制（Bennett 2001），最近开始了一系列关于突触网络如何运作以实现其在大脑中的功能的研究。这种网络由数千到数百万个神经元组成，每个神经元拥有多达约一万个突触，它们存在于大脑的某些部位，这些部位必须正常运作，才能将一个新事件记忆约一分钟以上（海马体），才能看见（视网膜和初级视觉皮层 V_1），以及获得各种运动技能（小脑）。

我为最初研究选择的突触网络是海马体中的突触网络（Bennett，Gibson，and Robinson 1994）。拉蒙・伊・卡哈尔（Ramon y Cajal 1904）首先描述了海马体神经元类型及其突触的一般分布，如图 2 左侧所示。图中的字母指的是海马体的不同部分以及神经元类型及其突触连接。试图了解海马体功能的工程方法

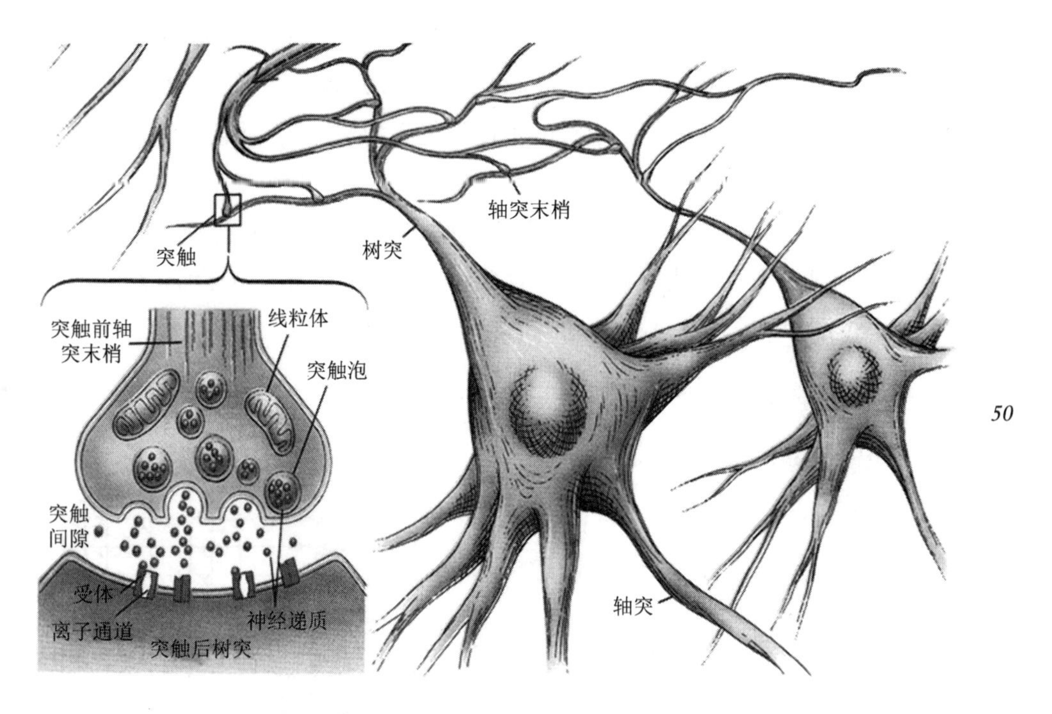

50

图 1　两个神经元的轴突具有在称为突触的位置彼此紧密接触时终止的过程

注：其中一个被框出来，框内突触的放大显示在左边。文中对这种突触的运作进行了描述。

51

涉及神经网络表征，如图 2 右侧所示和图例中所述。这里，现在用圆圈表示神经元类型，它们的树突和轴突过程用直线表示，突触用小矩形表示。作为一个刚刚获得电气工程学位的年轻人，我对布林德利（Brindley 1967）提出的网络中的某些突触是可以改变的这一观点很感兴趣。他所说的这个术语的意思是，突触能够在轴突末梢的动作电位到达后永久改变其特性。鉴于这种可能性，那么，“神经系统的调节和记忆机制可能是通过可改变的突触来存储信息的”。布林德利继续展示了神经网络模型中的此类可修改突触如何能够“执行许多简单的学习任务”（Brindley 1969）。随后，同样在剑桥大学工作的马尔提出，“古皮层（海马体）最重要的特征是其执行简单记忆任务的能力”（Marr 1971）。他首先提出，如果兴奋性突触的功效是可改变的，并且锥体神经元的膜电位是由测量神经网络总活动的抑制性中间神经元设定的，则回归型络脉网络（图 2）可以充当自联想记忆网络的。他的提议以工程术语为框架，我和其他许多人发现这对进一步的理论和实验研究非常有吸引力。我和我的同事遵循布林德利和马尔的一般概念方法，确定了如图 2 所示的海马体神经网络表示可以发挥作用的条件（Bennett, Gibson and Robinson 1994）。我们认为，“记忆的回忆始于一组与要回忆的记忆重叠的锥体神经元的放电”，并且“不同锥体神经元组的放电然后通过离散的同步步骤进化”，直至检索到存储的神经元记忆模式（图 2）。[1]然而，这种以工程学方法理解突触网络功能，进而理解大脑功能的方法有两个方面令我感到困惑，这些将在接下来的章节中详细介绍。[2]

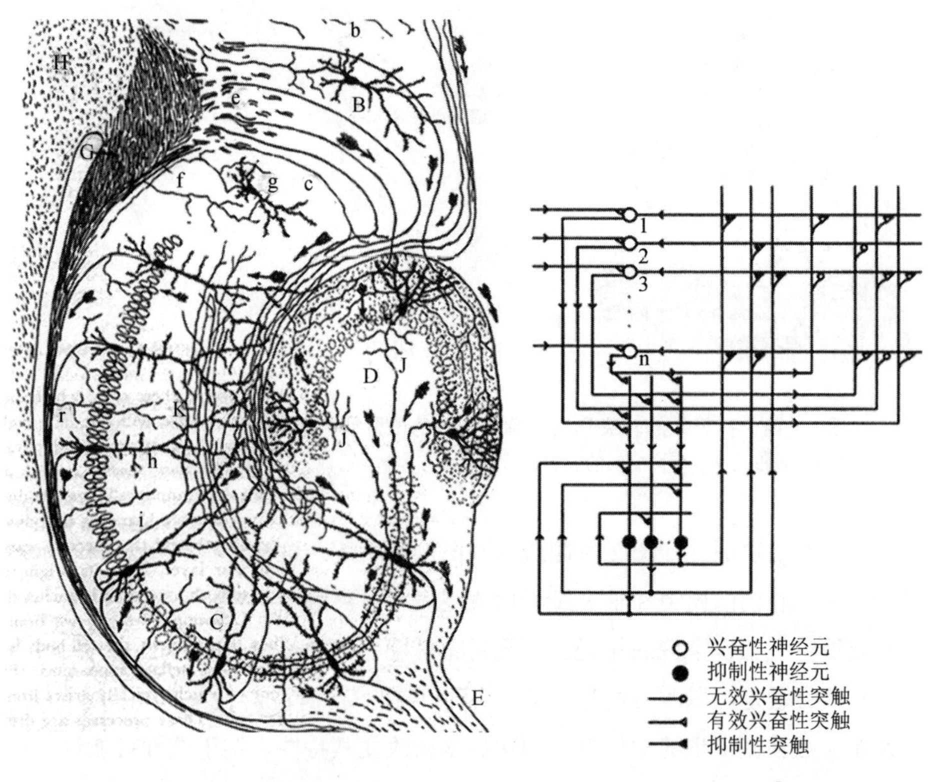

图 2　左图显示了经拉蒙·伊·卡哈尔染色后海马中的神经元及其突触连接

注：（资料来源：Ramon y Cajal 1904 中的图 479）。图中的字母指的是海马体的不同组成部分，就目前的作用而言，包括：D，齿状回；K，来自海马 CA_3 区域锥体细胞的回返性侧枝（C）相互形成突触，并投射到海马 CA_1 区域锥体神经元上形成突触（h）。

右侧是海马 CA_3 区域基本突触网络的图，由锥体神经元（空心圆圈）和抑制性中间神经元（实心圆圈）组成。锥体神经元通过其回返性侧枝（recurrent collateral）相互建立随机连接。在学习之前，这些联系是无效的；学习后，其中的一个子集变得有效，并且在网络的最终进化状态中，存在兴奋性突触连接，其强度被认为是统一的（空心三角形），而其他突触连接的强度保持为零（空心圆圈）。抑制性中间神经元接受来自许多锥体细胞以及抑制性神经元的随机连接。抑制神经元反过来投射到锥体神经元。任何涉及抑制性中间神经元的突触的强度都被视为是固定的。系统的初始状态是由从拉蒙·伊·卡哈尔绘图中的 D 区出现的苔藓纤维轴突或 D 区上方的直接穿通通路进入锥体神经元的放电模式设定的，如图 2 中从左侧进入的线条所示。一旦设置了初始状态，外部源就会被删除。然后 CA_3 回归网络循环同步更新其内部状态。

在神经网络模型中，抑制性神经元被模拟为快速作用的线性装置，产生与其输入成比例的输出；它们在锥体神经元膜电位的设置中发挥重要的调节功能。神经元在所谓的存储记忆中放电的概率可以随意设定，该概率决定了“记忆被调用”时活跃神经元的平均数量。据称，该网络中的“记忆”是使用二值赫布（two-valued Hebbian）存储在回返性侧枝突触中的。理论中既考虑了回返性侧枝突触的习得强度之间的空间相关性，也考虑到网络状态与这些突触强度之间的时间相关性。记忆的回忆被认为始于一组与要回忆的记忆重叠的 CA_3 锥体神经元的放电，以及一组与要回忆的记忆无关的锥体神经元的放电；两组神经元的放电可能是由穿通通路轴突在 CA_3 神经元上形成的突触引起的。然后，不同锥体神经元组的放电通过离散的同步步骤进行进化（详细信息请参见 Bennett，Gibson and Robinson 1994）。

二、第一个主要关注点与我们对大脑皮层细胞网络功能的理解有关

鉴于我们知道海马体损伤会阻止人们记住一件事超过一分钟，那么在正常海马体中如何识别与我们的记忆能力有关的细胞，以及这些细胞之间的突触关系是什么，这些突触又是如何发挥作用？例如，在海马体的任何给定体积中，神经胶质细胞都比神经元多得多，并且这些神经胶质细胞和神经元一样有多种类型。星形胶质细胞之间传播和传输活动波的发现（Cornell-Bell et al. 1990），尽管比神经元之间的传播和传输慢得多（Bennett，Farnell and Gibson 2005），但为寻找海马中记忆的细胞相关性引入了相当大的复杂性。 53

尽管这种神经胶质波被认为与寻找我们心理属性的细胞相关性不太可能有关而被忽视（Koch 2004），但尚未进行任何实验表明情况确实如此。考虑到神经胶质细胞和神经元之间的物理亲密联系，在寻找细胞相关性时很难证明前者是否相关，尽管我们能够从基因上操纵这些不同细胞类型中的蛋白质。我认为，更明智的做法是考虑寻找“细胞”而不仅仅是“神经元”的相关性。此外，我们正处于了解神经元之间、神经胶质细胞之间以及两类细胞之间的各种突触关系以及在所有这些细胞中发现的特殊突触机制的范围的开端。目前神经科学领域存在一种傲慢的态度，例如，图 2 中的网络被认为提供了对大脑任何部分的突触网络运作的重要见解，这种想法是错误的。为了提供证据来支持这一点，我在下面提供了一些例子，说明在理解视网膜、初级视觉皮层（the primary visual cortex）和小脑中运作的相对简单的突触网络方面取得的进展缓慢得令人痛苦。

三、视网膜中的网络

视网膜是中枢神经系统中最简单、最容易触及的部分，在发育过程中，视网膜最初是作为大脑的外袋出现的。因此，最伟大的神经系统组织学家拉蒙·伊·卡哈尔认为视网膜是开始研究了解中枢神经系统突触网络运作的理想场所。在我开始研究后不久，巴洛（Barlow）和利维克（Levick 1965）在某些物种的视网膜中发现了所谓的方向选择性神经节神经元。方向选择性神经节神经元是一种当物体沿一个方向（因此称为偏好方向）移动，经过与神经节细胞相连的覆盖的光敏杆状光感受器时，以高速率发射脉冲的神经元。当物体沿相反方向移动时，神经节神经元不会放电（因此称为零方向）。巴洛和利维克提出了图 3 下半部分所示的方案来解释方向选择性的网络起源。在该网络中，空间偏移的抑制信号否决了在零方向上活动的兴奋信号。外侧中间神经元在零位而非偏好方向携带抑制信号，而兴奋信号则在局部起作用（图 3）。因此，抑制先于零方向活动的兴奋到达，并且可以与零方向活动的兴奋相互作用，但抑制滞后于偏好方向活动的兴奋。图 3 的图例中详细说明了此算法。这个简单的网络在 1997 年发布时给我留下了深刻的印象。这是同类分析中第一个为真实突触网络的运行提供解释的分析。

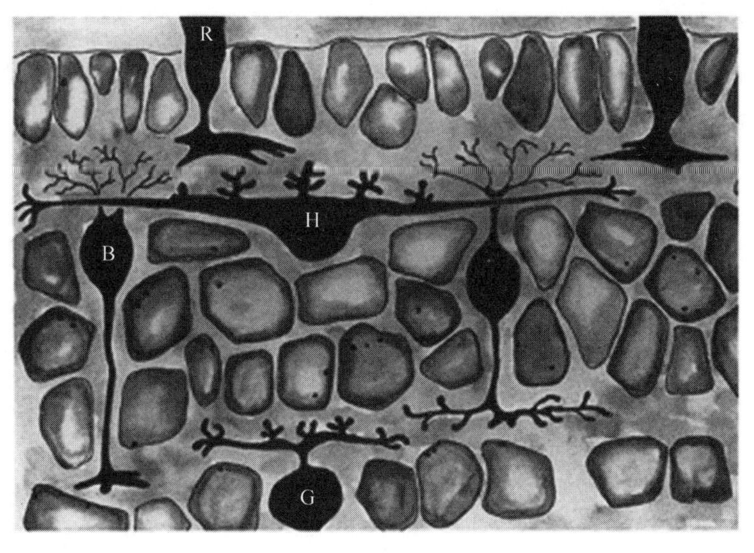

56

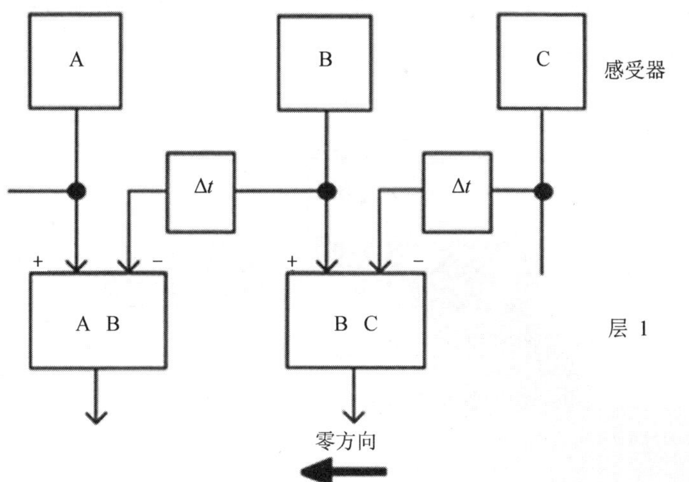

图 3 1965 年发现的视网膜中一些主要细胞的示意图（上）和解释神经节神经元方向选择性的算法（下）

注：R，杆光感受器；B，双极神经元；H，水平神经元；G，连接视网膜和大脑的神经节神经元。

如果这个算法是正确的，那么就会出现关于外侧中间神经元及其突触连接的识别问题。自从提出算法来识别执行必要计算的细胞成分及其连接以来，我们神经科学家在过去四十年里取得了多大进展？在最初对方向选择性进行研究时，大约有十种不同的细胞类型被认为是脊椎动物视网膜的组成部分（Ramon y Cajal 1904；Polyak 1941）。现在至少有五十种不同的细胞类型被识别（Masland 2001），这还不包括与神经元密切接触但不传导动作电位的不同类型的神经胶质细胞。经过四十年的研究，才确定了视网膜中负责方向选择性的一些细胞机制，但仍有许多重要问题有待解答（Fried，Munch，Werblin 2005）。具有巴洛和利维克（1965）方案中指定的一些特征的神经元已被识别为所谓的星爆型无长突细胞（Fried，Munch，Werblin 2002）。然而，由于发现神经节细胞的输入本身是有方向选择性的（Vaney，Taylor 2002），该方案不得不进行根本性修改。由此看来，视网膜回路中有几个层次决定神经节神经元的方向选择性，这可能涉及至少四种不同且特定的视网膜突触网络的活动，这些网络尚待阐明（Fried，Munch，Werblin 2005）。这说明了即使被认为是中枢神经系统最简单、最容易触及的部分的网络特性，理解起来也存在困难。

57

图 3 下半部分显示了巴洛和利维克（1965）提出的解释神经节神经元方向选择性的算法。A、B 和 C 可以对物体做出反应的受体，物体在零方向（由箭头指示）或偏好方向上移动。这些受体可以各自激发其正下方单元的活性。每个包含一个“Deltat”的盒子都是一个单元，如果由与其相连的受体激发，则在 Deltat 单位长度的延迟后，将阻止相邻单元在零方向上激发。当物体在零方向上移动时，来自激发受体（如 C）的电活动会激发（+）其正下方层中的一个单元，同时抑制（-）零方向上的下一个单元；每个受体，即 C、B 和 A，在物体在它们上方移动时执行此过程。延迟单元（显示为 Deltat）确定，如果运动为零方向，抑制过程将停止 A 和 B 通过这些门的兴奋活动，但如果运动在偏好方向上，则到达门的时间太晚，而无法产生这种抑制。

四、初级视觉皮层中的网络

我参加过的最激动人心的科学会议是三十多年前的冷泉港突触研讨会（Cold Spring Harbor Symposium on the Synapse）。詹姆斯·沃森（James Watson）邀请我介绍我们关于神经和肌肉细胞之间突触可塑性的发现，特别是我们关于神经末梢和肌肉初始接触点的发育的发现，以及这随后如何成为神经末梢数量过多的部位，随着发育的进行，这些末梢中除一个外的所有末梢都会被消除

(Bennett and Pettigrew 1976)。在到达研讨会之前我并不知道，紧接着我的演讲的是休伯尔（Hubel）、威塞尔（Wiesel）和勒维（LeVay）的演讲（1976）。他们对初级视觉皮层（V_1）中突触网络连接的发育进行了精彩的阐述，这些网络连接是神经元柱形成的基础，这些神经元柱由与一只眼睛或另一只眼睛的连接主导。在发育早期，这些神经元与双眼都有联系，但通过突触消除，一只眼睛或另一只眼睛在连接中占据主导地位。他们以一种相当引人注目的方式表明，在这个过程中存在相当大的可塑性，因为如果在早期发育过程中视觉仅限于一只眼睛，则另一只眼睛将主导突触连接。在发育的关键时期，如果双眼恢复视力，这种情况可以逆转。 58

在这次令人难忘的演讲十五年后，威塞尔和他的同事吉尔伯特与赫希（Hirsh）在1990年冷泉港研讨会上回到了初级视觉皮层（V_1）中突触连接的可塑性主题。然而，这次的重点是成人视觉皮层突触网络可塑性的程度。使用电生理记录技术，他们的研究表明，在视网膜小幅病变几个月后，皮质内的突触网络发生了大规模的重组（Gilbert，Hirsh，and Wiesel 1990）。这项工作意味着成人皮质突触网络可以在感觉输入信号丢失后重新调整（Gilbert 1998）。如果我们要帮助那些需要适当补救治疗的人，那么清楚了解造成这种重新调整的可塑性机制就相当重要。

据报道，在双眼视网膜病变导致初级视觉皮层（V_1）内的一个区域失去正常输入后的两到六个月内，刺激驱动的活动会在失去视觉输入的皮层边界内最多5毫米处再次出现（Gilbert 1998）。在这种病变发生后（数分钟至数小时），皮层地形会立即发生1—2毫米的较小变化（Gilbert and Wiesel 1992）。在这项关于成人视觉皮层可塑性的研究十五年后，洛戈塞蒂斯（Logothetis）和他的同事研究了双眼视网膜小病变后猕猴初级视觉皮层的信号，以明确视觉皮层重组的程度和时间过程（V_1；Smirnakis et al. 2005）。视网膜病变是通过光凝激光制造的，其定位方式是产生直径为4—8度的同侧视野暗点。这些病变剥夺了大脑皮层的一部分来自双眼的视觉输入，而这一过程被认为能最大限度地促进重组。视觉皮层中被剥夺视网膜输入的区域称为病变投影区。使用功能性磁共振成像来检测这些双眼视网膜病变后猕猴视觉皮层的皮层地形的变化。与上述使用电生理学的研究相比，功能性磁共振成像提供的宽视野表明，在视网膜病变后的7.5个月内，初级视觉皮层不会接近正常反应，并且其地形 59

不会改变（图4）。利用成像提供的宽视野，可以将电生理记录电极精确地放置在病变投影区域中。这些证实了磁共振成像的结果。因此，根据洛戈塞蒂斯和他的同事使用两种不同技术的观察结果，初级视皮层至少在视网膜损伤后的几个月内，突触网络重组的潜力有限。

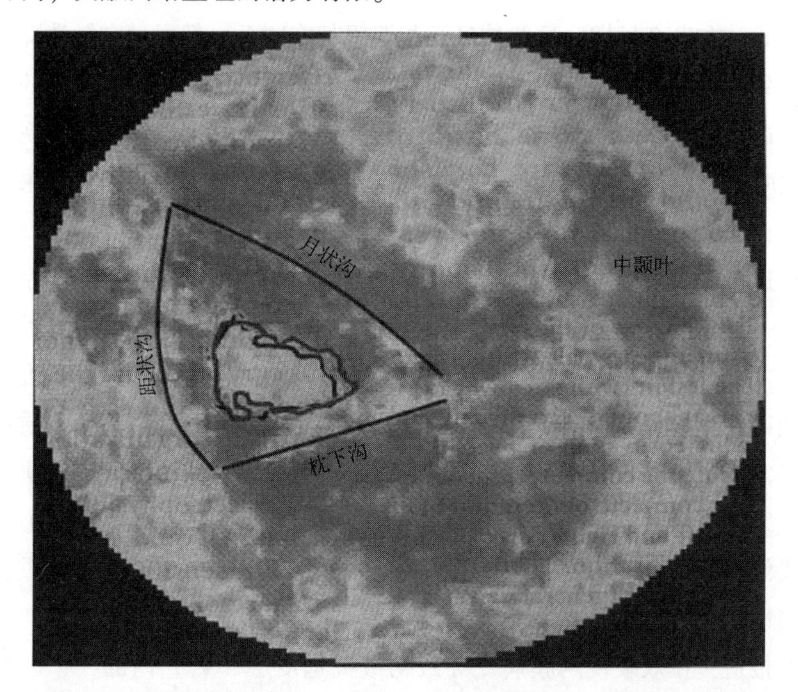

图4　血氧水平发展（blood oxygen level development，BOLD）信号

注：可能反映突触活动，通过病变投影区边界内的功能性磁共振成像测量，在视网膜病变后不会随时间变化。图中是半径为3厘米的视觉皮层 V_1 区域，以中央凹表示为中心。该区域扁平，由距状沟、月状沟和枕下沟勾勒出轮廓。该区域以外的区域在很大程度上对应于非视觉皮层。病变投射区边界分别为病变后0天（内轮廓）、4个月（外轮廓）和7.5个月（中间轮廓）。病变投影区分别为158平方毫米、179平方毫米和180平方毫米（引自Smirnakis et al.，2005，图2）。

在过去十五年关于皮质可塑性问题的研究中可能出错的细节尚未被梳理出来。可以说，确定皮层中接收视网膜输入的第一个位点的性质的复杂性需要非常谨慎、专业技术、理论洞察力和决心。诺贝尔奖得主威塞尔和吉尔伯特都是一流的神经科学家。然而，十五年的深入研究尚未就成人初级视觉皮层神经网络是否具有可塑性这一非常重要的问题达成共识（Giannikopoulos and Eysel 2006）。我阐述这个故事并不是为了推卸责任，而是为了强调我们试图了解的突

触网络系统的生物复杂性非常大，即使是最优秀的神经科学家的技能也面临考验。然而，如果我们不了解皮层中这第一个中继位点与视觉功能有关的其他皮层区域的一些基本属性（颞叶中的那些正常功能是面部识别所必需的区域），那么我们就不可能牢牢掌握颞叶等区域中为我们的视觉能力提供支持的突触网络。

五、小脑中的网络

如图 5 所示，小脑皮层拥有一系列神经元类型和突触连接，它们的排列和功能似乎特别简单。这似乎使得小脑特别适合实验分析以及发展经验可验证的 *61*

62

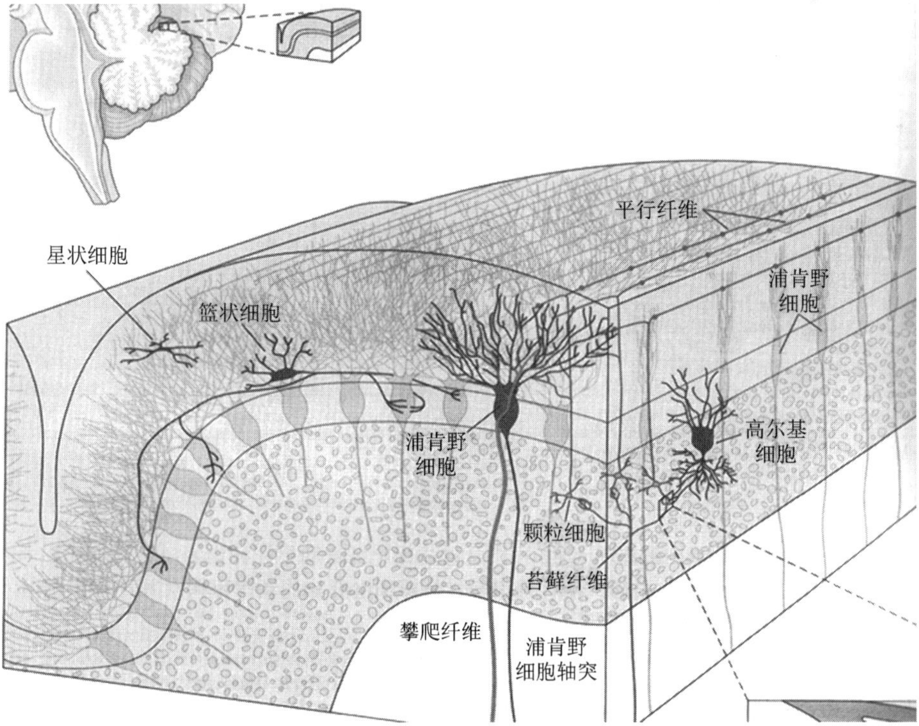

图 5　小脑皮质

注：图中显示的是具有非常大的树突树的大型浦肯野细胞神经元。它们各自接收来自非常小的颗粒细胞神经元的平行纤维轴突末端的突触连接，而颗粒细胞神经元又接收来自苔藓纤维轴突末端的突触。值得注意的是，浦肯野细胞神经元还接收来自单个攀爬纤维轴突的突触连接。该回路以一种优美的重复和规则的方式布置，使小脑皮层成为实验研究的理想选择。还显示了抑制型的神经元（即篮状细胞、星状细胞和高尔基细胞）。

理论，我发现这个课题特别令人着迷（例如，参见 Gibson，robinson，and Bennett 1991）。才华横溢的大卫·马尔（1969）提出了这样的观点：新运动技能的获得取决于小脑中平行轴突末梢和浦肯野细胞神经元之间突触的可塑性（图 5）。这似乎是一个非常富有成效的建议，因为在接下来的三十五年中，这些突触的可塑性已被用来解释许多运动技能的习得和终生保持，包括习得的运动计时和反射适应（Ito 2001）。人们对突触网络模型进行了大量研究，其中当两个输入（即攀爬纤维轴突末梢和平行纤维轴突末梢）联合活跃时，浦肯野

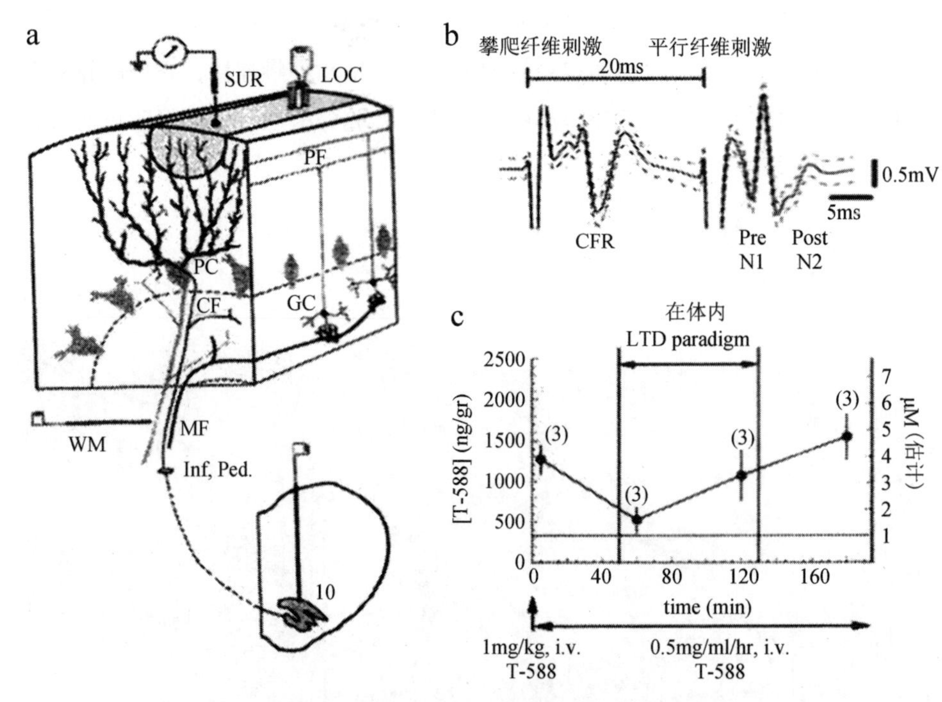

图 6　药物 T－588 可防止体内攀爬纤维和平行纤维的结合刺激引起的平行纤维与浦肯野细胞突触的长时程抑制

注：行为小鼠和大鼠大脑中相似浓度的 T－588，既不影响旋转棒测试中的运动学习，也不影响眨眼反射经典调节期间运动时间的学习。因此，在小脑参与的两种常见运动学习模型中，平行纤维对浦肯野细胞的长期抑制对于运动适应或反应时间的学习来说不是必需的。（a）显示的是同心双极刺激电极放置在小脑表面（LOC）上以刺激平行纤维束（PFs）以及放置在小脑白质（WM）中以刺激攀爬纤维（CFs）。银球表面电极（SUR）用于记录浦肯野细胞神经元（PCs）的诱发场电位。使用直接刺激下橄榄（IO）来验证 WM 电极触发的电位是否为攀爬纤维反应（CFR）。（b）显示了由 CF 和 PF 联合刺激触发的 CFR 以及突触前（N1）和突触后（N2）的 PF 反应，刺激间隔为 20ms，以产生 N2PF 响应的长时程抑制。虚线表示一个标准差。（c）显示了大脑中不同 T－588 浓度的结果。在连续静脉输注 T－588 期间给出四个不同的时间点，并在输注开始后 50 至 130 分钟之间产生长时程抑制（LTD）范式。1μM 处的水平线表示在体外防止 LTD 的 T－588 浓度。括号中表示每个时间点采样的大脑数量（引自 Welsh et al.，2005，图 1）。

细胞上攀爬纤维轴突末梢的活动会抑制浦肯野细胞上平行纤维轴突末梢突触的强度（图5）。这种突触可塑性被认为是获得新的运动技能的基础。如果用电刺激直接同步刺激攀爬纤维轴突末梢和平行纤维轴突末梢，那么浦肯野细胞中平行纤维轴突末梢触发的突触电位的幅度确实降低了（Ito and Kano 1982）。这种突触电位的抑制需要攀爬纤维轴突末梢和平行纤维轴突末梢突触输入的重复配对。在这种刺激方案结束后，抑制会持续数小时，称为长时程抑制。自从伊藤和他的同事发现长时程抑制以来的二十三年里，人们对其分子基础进行了大量的研究（Ito 2002）。

鉴于以上内容，去年的一项关键实验表明，长时程抑制并不参与小脑的运动学习，这让人大吃一惊。林纳斯（Llinas）和他的同事（Welsh et al. 2005）从药理学上预防了在攀爬纤维轴突末端和平行纤维轴突末端联合刺激后浦肯野细胞神经元上的平行纤维轴突末端形成的突触处引起的长时程抑制（图6）。这对旋转棒测试（rotorod test）（Lalonde，Bensoula，and Filali 1995）中涉及的运动技能的习得以及眨眼反射调节期间运动时间的发展（McCormick and Thompson 1984）没有影响。经过三十六年的研究，小脑运动学习中涉及的突触网络和分子机制仍有待阐明。

六、中枢神经系统研究的复杂性

64

上述三个例子说明神经科学在即使是在梳理中枢神经系统“最简单”部分的复杂性方面进展也相对缓慢。它们表明，人们应该在傲慢地认为神经科学家了解中枢神经系统的许多（如果有的话）功能之前犹豫一下，并强调人们在接受关于大脑中突触网络的功能的许多说法之前应该暂停和反思。

七、第二个主要关注点与我们理解皮层中细胞网络的功能有关

我提到过用工程学方法理解突触网络的方法有两个方面值得深思。我在本

章第二节中讨论了其中的第一个方面，即梳理出与构建可用于进一步理解生物网络的工程类型网络相关的生物学相关属性的巨大困难。第二个困难出现在通常归于人类的（在某些情况下归于其他动物的）心理属性被归于突触网络时，无论是在它们被简化为具有不同程度复杂性和可修改性的工程装置之前还是之后。大脑中特定的突触网络或突触网络簇据说可以记忆、看到和听到。例如，有人建议“我们可以将所有的观察视为对大脑所提出问题的答案的不断探索。来自视网膜的信号构成了传达这些答案的‘信息’”（Young 1978）。据说枕极的视觉皮层（图 7）拥有“提出大脑构建其感知假设的论据”的神经元（Blackmore 1977）。至于为了让我们看到颜色而必须发挥作用的大脑区域，据称，这些区域涉及“大脑对物体的物理特性（它们的反射率）的解释，这种解释使大脑能够快速获得有关反射率特性的知识”（Zeki 1999）。

65

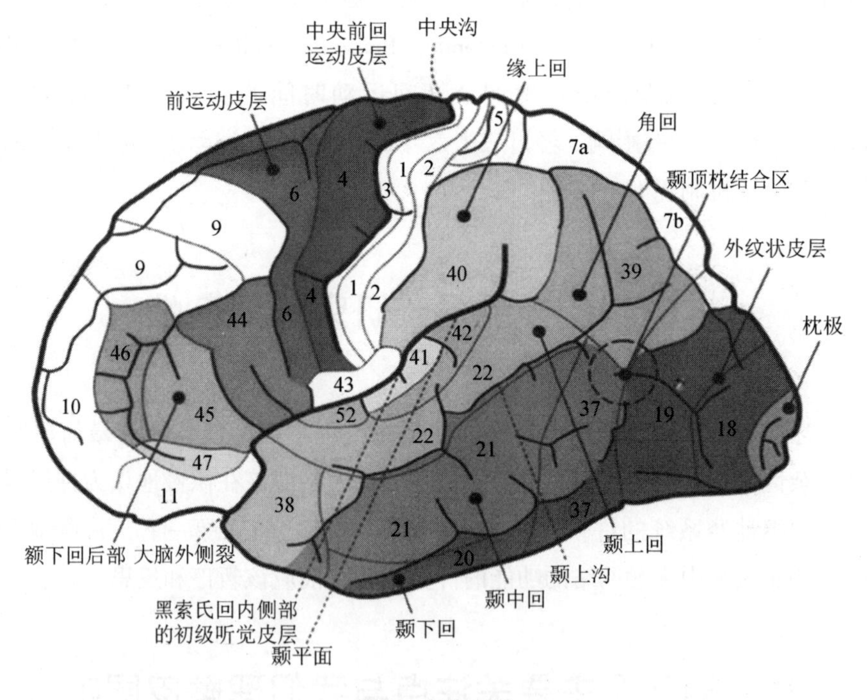

图 7　大脑皮质

注：该图显示的是侧视图，其中布罗德曼（Brodmann 1909）指定的编号区域表示细胞学上可区分的细胞类别以及它们之间的关系。例如，在枕极中发现与视觉有关的细胞网络。

事实上，据说不仅大脑中的突触网络簇具有各种心理属性，而且这种网络的整个半球也具有这种属性（图7）。例如，有人认为“右半球能够理解语言，但不能理解语法”，并且“右半球进行推理的能力极其有限”（Gazzaniga, Ivry, and Mangun 2002）。此外，“左半球还可以感知和识别人脸，并且在人脸熟悉的情况下显示出更强的能力”，并且“左半球在解决问题时采用一种有用的认知策略，但右半球并不具备额外的认知技能”（Gazzaniga, Ivry, and Mangun 2002）。 66

这些声称突触网络，无论是生物类型的还是经过有用简化为工程装置后，都具有心理属性的说法让我感到非同寻常。虽然在逻辑上并不成立，但神经科学在利用工程方法阐明突触网络方面取得的缓慢而艰苦的进展并没有让我对突触网络具有心理属性的说法能够持续下去抱有太大的希望。因此，我向那些受过此类问题专业训练的学者（即哲学家）寻求帮助，以澄清概念。在阅读了20世纪哲学界的一些主要人物的内容，如罗素、维特根斯坦和奎因之后，我与一些当代哲学家，特别是牛津大学的彼得·哈克进行了讨论。我们关于心理属性是否可以归于突触网络这一问题的对话完全是在互联网上进行的，并且在我们见面之前就已经完成了。对我来说这是一次非常令人满意的旅程。它迫使我重新思考从2世纪的盖伦（Galen）到现在的神经科学的历史，并与彼得一起对这个学科的巨匠们的观点进行批判性分析，正是这些观点导致神经科学家们陷入了目前的困境。这次对话催生了我们的书《神经科学的哲学基础》。美国哲学研究会邀请我与丹尼特教授和塞尔教授就我们书中的主张进行批判性辩论，这使我对我们的工作更加满意。这样做的结果是进一步的澄清，从而加强了我们对神经科学已建立的和未来可望实现的真理的努力。通过这种方式，我们为进一步实现神经科学的目标做出了贡献，以帮助理解作为人类意味着什么，并减轻人类的痛苦。

注释

1. 对于这样使用“存储”和“记忆”等术语，有一些重要的批评意见；见 Bennett and Hacker, *Philosophical Foundations of Neuroscience* (Oxford: Blackwell, 2003), pp. 158 – 171。

2. 丹尼特教授在注释15中指出，在美国哲学研究会的会议上，贝内特表示“对当今认知神经科学家的吸引注意力的假说和模型感到极度失望，并明确表示他认为这一切都是不可理解的。有了贝内特这样的消息提供者，难怪哈克无法在认知神经科学中找到任何有价值的东西”。他还认为，我显然陷入了突触神经科学家和认知神经科学家之间的“互不尊重”之中。这是不正确的。首先，在有关认知神经科学的教科书中，大卫·马尔被奉为天才认知神经科学家（见 Gazzaniga, Ivry, and Mangun 2002：597）；我本着马尔的工作精神发表了有关突触网络理论的论文，并且不认为这以任何方式表现出了对认知神经科学的不合逻辑的敌意（例如，见 Bennett, Gibson, and Robinson 1994）。如果我们陷入了对认知神经科学的非理性敌意，哈克和我即将出版的《认知神经科学史》（*History of Cognitive Neuroscience*）一书就不会写成。其次，我在美国哲学研究会会议上并没有声称“当今认知神经科学家的模型”都是“不可理解的”。相反，我强调了所建立的生物学模型的极端复杂性，以及由此导致的我们生物学知识的匮乏。本章第二节举例说明了这一观点。然而，我接着说，这种网络和网络集合被说成是“看见”“记住”等，即具有人类的心理属性，这似乎很奇怪（见第三节）。

参考文献

67 Barlow, H. B. , and W. R. Levick. 1965. “The Mechanism of Directionally Selective Units in Rabbit's Retina.” *Journal of Physiology* 178：477 – 504. Bennett, M. R. 2001. *History of the Synapse.* Australia：Harwood Academic.

Bennett, M. R. , l. Farnell, and W. G. Gibson. 2005. “A Quantitative Model of Purinergic Junctional Transmission of Calcium Waves in Astrocyte Networks.” *Biophysics Journal* 89：2235 – 2250.

Bennett, M. R. , W. G. Gibson, and J. Robinson. 1994. Dynamics of the Ca_3 Pyramidal Neuron Autoassociative Memory Network in the Hippocampus. *Philosophical Transactions of the Royal Society of London B Biological Sciences* 343：167 – 187.

Bennett, M. R. , and P. M. S. Hacker. 2003. *Philosophical Foundations of Neuroscience.* Oxford：Blackwell.

Bennett, M. R. , and A. G. Pettigrew. 1975. “The Formation of Neuromuscular Synapses.” *Cold Spring Harbor Symposium in Quantitative Biology* 40：409 – 424.

Blakemore, C. 1997. *Mechanisms of the Mind.* Cambridge：Cambridge University Press.

Brindley, G. S. 1967. “The Classification of Modifiable Synapses and Their Use in Models for Conditioning.” Proceedings of the Royal Society London B 168：361 – 376.

Brindley, G. S. 1969. Nerve Net Models of Plausible Size that Perform Many Simple Learning Tasks. Proceedings of the Royal Society London B 174: 173 – 191.

Brodman, K. 1909. Vergleichende Lokalisation-lehre der Grosshirnrinde in ihren' Prinzipien dargestellt auf Grund des Zellenbaues. Leipzig: Barth.

Cornell-Bell, A. H., S. M. Finkbeiner, M. S. Cooper, and S. J. smith. 1990. "Glutamate Induces Calcium Waves in Cultured Astrocytes: Long-range Glial Signalling." *Science* 247: 470 – 473.

Fried, S. I., T. A. Munch, and F. S. Werblin. 2002. "Mechanisms and Circuitry Underlying Directional Selectivity in the Retina." *Nature* 420: 411 – 414.

Fried, S. I., T. A. Munch, and F. S. Werblin. 2005. "Directional Selectivity is Formed at Multiple Levels by Laterally Offset Inhibition in the Rabbit Retina." *Neuron* 46: 117 – 127.

Gazzaniga, M. S., R. B. Ivry, and G. R. Mangun. 2002. *Cognitive Neuroscience: The Biology of the Mind.* 2d ed. New York: Norton. *68*

Giannikopoulos, D. V., and U. T. Eysel. 2006. "Dynamics and Specificity of Cortical Map Reorganization after Retinal Lesions." *Proceedings of the National Academy of Sciences*, USA 103: 1085 – 1010.

Gibson, W. G., J. Robinson, and M. R. Bennett. 1991. "Probabilistic Secretion of Quanta in the Central Nervous System: Granule Cell Synaptic Control of Pattern Separation and Activity Regulation." Philosophical Transactions of the Royal Society of London B Biological Sciences 332: 199 – 220.

Gilbert, C. D. 1998. Adult Cortical Dynamics. *Physiology Review* 78: 467 – 485. Gilbert, C. D., J. A. Hirsch, and T. N. Wiesel. 1990. Lateral Interactions in Visual Cortex. *Cold Spring Harbor Symposium in Quantitative Biology* 55: 663 – 677.

Gilbert, C. D., and T. N. Wiesel. 1992. "Receptive Field Dynamics in Adult Primary Visual Cortex." *Nature* 356: 150 – 152.

Hubel, D. H., T. N. Wiesel, and S. LeVay. 1976. Functional Architecture of Area 17 in Normal and Monocularly Deprived Macaque Monkeys. Cold Spring Harbor Symposium in Quantitative Biology 40: 581 – 589.

Ito, M. 2001. "Cerebellar Long-term Depression: Characterization, Signal Transduction, and Functional Roles." *Physiology Review* 81: 1143 – 1195.

Ito, M. 2002. "The Molecular Organization of Cerebellar Long-term Depression." *Nature Reviews Neuroscience* 3: 896 – 902.

Ito, M. , and M. Kano. 1982. "Long-lasting Depression of Parallel Fiber Purkinje Cell Transmission Induced by Conjunctive Stimulation of Parallel Fibers and Climbing Fibers in the Cerebellar Cortex." *Neuroscience Letters* 33: 253 – 258.

Koch, C. 2004. *The Quest for Consciousness*. CO: Roberts.

lalonde, R. , A. N. Bensoula, and N. Filali. 1995. "Rotorod Sensorimotor Learning in Cerebellar Mutant Mice." *Neuroscience Research* 22: 423 – 426.

McCormick, D. A. , and R. F. Thompson. 1984. "Cerebellum: Essential Involvement in the Classically Conditioned Eyelid Response." *Science* 223: 296 – 299.

Marr, D. 1969. "A Theory of Cerebellar Cortex." *Journal of Physiology* 202: 437 – 470.

Marr, D. 1971. "Simple Memory: A Theory for Archicortex." *Philosophical Transactions of the Royal Society of London B Biological Sciences* 262: 23 – 81.

69 Masland, R. H. 2001. "The Fundamental Plan of the Retina." *Nature Neuroscience* 4: 877 – 886.

Polyak, S. L. 1941. *The Retina*. Chicago: University of Chicago Press.

Ramon y Cajal, S. 1995 [1904]. *Histology of the Nervous System*. trans. N. Swanson and l. W. Swanson. Oxford: Oxford University Press.

Sieburth, D., O. Ch'ng, M. Dybbs, M. Tavazoie, S. Kennedy, D. Wang, D. Dupuy, J. F. Rual, D. E. Hill, M. Vidal, G. Ruvkun, and J. M. Kapjan. 2005. "Systematic Analysis of Genes Required for Synapse Structure and Function." *Nature* 436: 510 – 517.

Smirnakis, S. M. , A. A. Brewer, M. C. Schmid, A. S. Tolias, A. Schuz, M. Augath, W. Inhoffen, B. A. Wandell, and N. K. Logothetis. 2005. "Lack of Long-term Cortical Reorganization after Macaque Retinal Lesions." *Nature* 435: 300 – 307.

Vaney, D. I. , W. R. Taylor. 2002. "Direction Selectivity in the Retina." *Current Opinion in Neurobiology* 12: 405 – 410.

Welsh, J. P. , H. Yamaguchi, X. H. Zeng, M. Kojo, Y. akada, A. Takagi, M. Sugimori, and R. R. Llinas. 2005. "Normal Learning During Pharmacological Prevention of Purkinje Cell Long-term Depression." *Proceedings of the National Academy of Sciences*, USA 102: 17166 – 17171.

Young, J. Z. 1978. *Programs of the Brain*. Oxford: Oxford University Press.

Zeki, S. 1999. "Splendours and Miseries of the Brain." *Philosophical Transactions of the Royal Society of London B Biological Sciences* 354: 2053 – 2065.

反　驳

哲学是天真的人类学

评贝内特和哈克

丹尼尔·丹尼特

贝内特和哈克的《神经科学的哲学基础》(Blackwell, 2003)是一位哲学家(哈克)和一位神经科学家(贝内特)的合作之作,该书雄心勃勃地试图重新制定认知神经科学的研究议程,证明认知科学家和其他理论家,包括我自己在内,一直在以系统性的"不连贯"和概念性的"混淆"方式误用语言来迷惑彼此。无论从风格还是内容来看,这本书都让人回想起19世纪60年代初的牛津大学,那时普通语言哲学占统治地位,赖尔(Ryle)和维特根斯坦是研究我们日常心灵主义的或心理学的术语的含义的权威。我本人就是那个时代和那个地方的产物(就这一点而言,塞尔也是如此),我发现他们的目标和预设中有许多值得赞同之处,在谈到我的批评(我的批评将是严厉的)之前,我想强调一下我认为他们的方法中完全正确的地方——普通语言哲学中经常被遗忘的教训。 73

神经科学研究……与心理学研究相邻,要想清楚大脑研究的成果,前提是要清楚普通心理学描述的范畴——感觉与知觉、认知与回忆、思考与想象、情感与意志等。如果神经科学家不能把握相关范畴的轮廓线,那么他们不仅有可能提出错误的问题,还有可能误解自己的实验结果。(《神经科学的哲学基础》,第115页)[①] 74

---

① 对于本部分文内夹注页码,若未作明确说明,均指出自贝内特和哈克所著《神经科学的哲学基础》(Blackwell, 2003)。——译者注

正是如此。[1]当神经科学家使用那些构成我称之为“常识心理学”（Folk Psychology）[2]的学问的普通术语时，他们需要极其谨慎地行事，因为这些术语的使用前提可能会颠覆他们的目的，并将原本很有前途的经验理论和模型变成伪装得很单薄的无意义的话。一位哲学家——一位善于捕捉细微差别意义的专家，这些细微差别会迷惑理论家的想象力——正是进行这项重要的概念卫生工作的合适思想家。

我也同意他们的观点（尽管我不会按照他们的方式来说），即“将心理属性归于其他的证据基础不是归纳性的，而是判断性的；证据在逻辑上是很好的证据”。（第82页）这使我站在他们那一边反对，比如说，福多（Fodor）。[3]

因此，我完全同意他们书中令人振奋的假设。我也赞赏他们的一些主要批评主题，尤其是他们声称，认知神经科学中到处散落着未被承认的笛卡尔残羹，并造成了巨大的危害。例如，他们说：

75

> 当代神经科学家普遍认为，颜色、声音、气味和味道是“大脑通过感觉处理创造出来的心理结构。它们本身并不存在于大脑之外”［引自 Kandel et al. 1995］。这与笛卡尔主义的区别仅在于用大脑代替了心灵。（第113页）

在这里，他们批评的是我称之为“笛卡尔唯物主义”（《意识解释》，*Consciousness Explained*，1991）的一个例子。在我看来，他们是对的，他们认为许多认知神经科学家被大脑中的一个地方［我称之为笛卡尔剧场（Cartesian Theater）］所迷惑，在那里，非凡的内在构造被展示给坐在观众席上的（物质的）思维实体（res cogitans）。

更具体地说，我认为他们在本杰明·利贝特（Benjamin Libet）的意向性行为（intentional action）的观点和斯蒂芬·科斯林（Stephen Kosslyn）关于心理意象（mental imagery）的一些理论研究中发现了严重有害的笛卡尔主义是正确的。我也和他们一起谴责哲学家的“专业的”术语——感受质，如果有的话，它对神经科学来说是一份有毒的礼物，并且我和他们一样对布莱恩·法雷尔（Brian Farrell）首次（1950）使用的，并因托马斯·内格尔（1974）而闻名的臭名昭著的“它是什么样的”习语抱有一些疑虑。他们说，内省不是一种内在视觉的形式；不存在心灵之眼。我同意。当你感到痛苦时，它并不像拥有一分钱；痛苦并不是一个东西存在在那里。的确，虽然我并不完全同意他们在得出这些结论的道路上所说的一切，但我同意他们的结论，或者更准确地说，他们同意我的结论，尽管他们没有提及。[4]

比起他们不承认这些相当实质性的一致之处，更让我惊讶的是，他们书中的核心内容，也是他们对我进行的相当明显的侮辱性攻击的核心内容，[5]是我自己早在1969年就提出并大肆宣扬的一个观点。这就是他们所说的分体论谬误：

> 我们知道人类如何体验事物、观察事物、了解或相信事物、做出决定、解释模棱两可的数据、猜测和形成假设。但我们是否知道大脑能够看到或听到什么，大脑能够体验什么，知道或相信什么？我们对大脑如何做出决定有任何概念吗？
>
> 答案是否定的！
>
> 把心理谓词（或其否定）归于大脑是没有意义的，除非是隐喻或转喻。这样的词语组合并没有说错什么，相反，它什么也没说，因为它缺乏意义。心理谓词在本质上只能应用于生物整体，而不能用于其部分。不是眼睛（更不用说大脑了）看到东西，而是我们用我们的眼睛看到（我们不是用大脑看到东西的，尽管如果没有大脑在视觉系统方面的正常功能，我们就看不到东西）。（第72页）

76

这至少与我在1969年区分个人和亚个体层面的解释时提出的观点密切相关。我感觉到疼痛；我的大脑没有。我看到了东西；我的眼睛没有。例如，在谈到疼痛时，我指出：

> 对我们谈论疼痛的普通方式的分析表明，在大脑中不可能发现任何事件或过程会表现出疼痛的假定存在的"心理现象"（mental phenomena）的特征，因为谈论疼痛本质上是非机械的，而大脑的事件和过程本质上是机械的。[《内容与意识》（*Content and Consciousness*），第91页]

我们有如此多的共同点，而贝内特和哈克却对我的工作不屑一顾。这怎么解释呢？正如在哲学中经常发生的那样，让某个人坚定而清晰地说出别人只是暗示或默认的预设，会有所帮助。贝内特和哈克设法表达了我四十年来一直间接反对的立场，但由于缺乏直率的倡导者，我以前从未能与他们正面交锋。就像杰瑞·福多（Jerry Fodor）一样，我多年来一直依赖他生动地说出正是我想否认的观点——使我免于攻击一个稻草人——贝内特和哈克给了我一个大胆的学说来批判。我发现整理我对这些话题的想法，以回应他们的主张，这对我有启发性，我希望对其他人也是如此。

77

哲学背景

在本节中，我只谈哈克，而不讨论他的合著者贝内特，因为我要批评的观点显然是哈克的贡献。他们常常以同样的措辞呼应他在《维特根斯坦：意义与心灵》（Blackwell，1990）一书中提出的主张，而且他们是严格意义上哲学性的。

当哈克一次又一次地抨击我没有领会分体论谬误时，这就是一个教你祖母吮吸鸡蛋的例子。我很熟悉这一点，并率先使用了这一点。我是否在离开牛津大学后迷失了方向？在将我的个体层面（personal level）/亚个体层面（sub-personal level）区分铭记于心的哲学家中，至少有一位——詹妮弗·霍恩斯比（Jennifer Hornsby）——猜测我可能在后来的工作中放弃了这一区分。[6]事实上，我是否放弃了这个好想法？没有。[7]在这种情况下，引用我在1980年对塞尔为“中文屋”（Chinese Room）直觉泵（intuition pump）的辩护的批评是最恰当不过的了：

> 在我看来，系统回复完全正确地指出，塞尔混淆了不同层次的解释（和归因）。我懂英语，但我的大脑不懂——更具体地说，我的大脑中负责“处理”接收到的句子和执行我的言语行为意图的适当部分（如果可以分离出来的话）也不懂。[《行为与脑科学》（*Behavioral and Brain Sciences*），1980，3：429][8]

(顺便说一句，塞尔在BBS中的回复中立即驳回了我的这一主张。我很想知道他是如何看待伪装成分体论谬误的个体层面/亚个体层面的区别的。)[9] 78

哈克将其关于分体论谬误的信念所依据的权威文本是圣·路德维希(St. Ludwig)的一句话：

> 只有对于人和类似于（表现得像）活生生的人的东西，你才能说：他有感觉；他能看，或是盲的；能听，或是聋的；有意识或丧失意识。[《哲学研究》(*Philosophical Investigation*), para. 281]

这就是我和哈克分道扬镳的地方。我本人很乐意引用维特根斯坦的这段话；事实上，我认为自己是在扩展维特根斯坦的立场：在我看来，机器人和下棋的计算机，是的，还有大脑及其部件确实“与一个活生生的人相似（通过表现得像人)”——而这种相似性足以让我们调整使用心理学词汇来描述这种行为。哈克却不这么认为，他和贝内特称所有此类用法的实例都是“不连贯的”，并一再坚持认为它们“没有意义”。现在谁是对的？

让我们回到1969年，看看我当时是如何看待这件事的：

> 一方面，个体层面和亚个体层面之间的区别根本不是什么新鲜事。赖尔和维特根斯坦开创的心灵哲学在很大程度上是对我们在个体层面上使用的概念的分析，而赖尔对“准机械假说”(para-mechanical hypotheses)的抨击，以及维特根斯坦常常令人惊讶地坚持解释走到了终结要比我们想象的早得多，从中得到的教训就是，个体层面和亚个体层面绝不能混淆。然而，这一教训偶尔会被误解为，**当主题是人的心灵和行为时，个体层面的解释是唯一的解释层面**。在一个重要但狭隘的意义上，这是正确的，因为正如我们在痛苦的案例中看到的，放弃个体层面就等于停止谈论痛苦。在另一个重要意义上，这是错误的，正是这一点经常被误解。认识到存在两个层面的解释，就产生了将它们联系起来的负担，而**这并不是哲学家的职权领域之外的任务**。……仍然存在这样一个问题，即关于疼痛的每一点讨论是如何与神经冲动或关于神经冲动(neural impulse)的讨论相关联的。即使认同存在不同种类的解释、不同层面和类别，这个问题以及关于其他 79

现象的类似问题仍然需要详细的答案。(《内容与意识》，第95—96页)

这段话概述了我在过去三十五年中为自己设定的任务。粗体字的部分标出了我与哈克的主要分歧点，因为我的道路与他的道路完全不同。他给出了自己的理由，值得我们仔细注意：

[A] 概念问题先于真假问题。……因此，概念问题不适用于科学研究和实验，或科学理论化。(第2页)

人们可能会对第一种说法感到奇怪。这些概念性问题的答案不是真是假吗？不，根据哈克的说法：

[B] 真假问题属于科学，意义问题属于哲学。(第6页)

80 因此，当哲学家犯错时，他们产生的是没有意义的话，而绝非谬误；当哲学家做得好时，我们不能说他们做对了或说出了真理，而只能说他们是有道理的。[10]我倾向于认为哈克的［B］只是纯粹的错误，而非没有意义的话，但尽管如此，哈克在［A］中的第二个主张，尽管有“因此”，却是一个不合逻辑的推论。即使概念问题确实“先于”真假问题，任何想弄清什么是好答案的人也应该认真研究相关的科学问题。哈克将这一提议视为奎因自然主义（Quinian naturalism），他用不相干的事物驳斥了这一提议：“我们不认为实证研究能解决任何哲学问题，就像它不能解决数学问题一样。”（第414页）当然不能；实证研究并不能解决哲学问题，它只能为哲学问题提供信息，有时调整或修正哲学问题，然后哲学问题有时会消失，有时可以通过进一步的哲学反思来解决。

哈克坚持认为哲学是一门先验的学科，与实证科学没有连续性，这正是困扰这个项目的问题的主要根源，我们将会看到这一点：

[C] 如何考察意义的界限？仅能通过考察词语的使用。无意义常常产生于一个表述违反了它的使用规则。所讨论的表述可能是普通的非专业

> 的表达，在这种情况下，可以从它的标准用法和公认释义中得出它的使用规则。或者它可能是一个专业术语，在这种情况下，必须从理论家对这个术语的引入和他对其规定用法的解释中得出它的使用规则。这两种术语都可能被误用，而一旦被误用，就会出现无意义的情况——一种被排除在语言之外的词语形式。因为，要么没有规定这个词在有关的反常语境中是什么意思，要么这个词的形式实际上被一条规则排除在外，这条规则规定"不存在……这样的东西……"（例如，不存在"北极以东"，这是一种没有用处的词语形式）。（第 6 页）

81

这段话让人联想起 1960 年左右，我想提醒大家注意其中的一些问题，我以为我们在很多年前就已经弄明白了——但那时，我们还不存在这个直截了当的版本来作为我们的靶子。

如何考察意义的界限？仅能通过考察词语的使用。

首先要注意的是，无论哲学家怎么说，对词语使用的考察都是一种实证研究，这往往会得出日常的普通的真理和谬误，并会受到标准的观察和反对意见的纠正。也许正是对这一隐约存在的矛盾有了朦胧的认识，导致哈克在 1990 年出版的书中作了如下表述：

> 语法是自主的，它不对事实命题负责，而是以事实命题为前提。从这个意义上说，与手段/目的规则不同，它是任意的。但它又与非任意性有密切关系。它是由人性和我们周围世界的本质所塑造的。（第 148 页）

让语法自主吧，不管这意味着什么。研究语法仍然不能不提问题——即使你只问自己问题，你仍然必须看看你说了什么。认为这种咨询一个人的（语法或其他）直觉的方法完全不同于实证研究的信念由来已久（不仅可以追溯到 20 世纪 60 年代的牛津，还可以追溯到苏格拉底），但它经不起反思。

如果我们将这种哲学风格与人类学进行比较，就不难看出这一点，人类学是一种明显的实证研究，可以做得很好，也可以做得很差。如果一个人选择了二流的信息提供者，或者首先没有非常流利地使用他们的语言，那么一个人很可能会做三流的工作，因此，一些人类学家更愿意从事这样或那样的"自我

82

人类学”（autoanthropology）研究，即以自己为信息提供者——或许还有几位亲密的同事作为对话者。研究的实证性质是一样的。[11]人人皆知，语言学家就从事过这样一种自我人类学研究，他们对梳理自己母语语法直觉的陷阱和风险都了如指掌。例如，众所周知，要避免自己对语法的直觉被自己钟爱的理论观点所污染是非常困难的。事实上，一些语言学家已经开始认为，理论语言学家已经或应该失去作为信息提供者的资格，因为他们的判断并不天真。现在，哈克和志同道合的哲学家面临着一个挑战：他们究竟如何准确地将自己的研究与自我人类学区分开来，自我人类学是一种实证研究，显然使用相同的方法并得出相同的判断。[12]

任何认为哲学家已经找到了一种语法的研究方法，可以在某种程度上不受（或正交于或“先于”）人类学研究可能出现的问题的影响的人，都应该向我们道歉，解释这个把戏是如何变的。赤裸裸地断言哲学家就是这么做的，只是在逃避挑战。我的同事阿夫纳·巴兹（Avner Baz）提醒我，斯坦利·卡维尔（Stanley Cavell）在应对这一负担方面采取了一个有趣的举措。[13]卡维尔声称，哲学家对我们会说什么的观察更类似于审美判断。正如巴兹所说：“你把你的判断作为典范——你为一个群体说话。”就其本身而言，这是很好的，但由于人类学家也在参与寻找对所收集数据的最佳、最连贯的解释（奎因关于慈善原则的观点，以及我关于意向立场的理性假设的观点），这种规范性或表扬性的元素已经存在于人类学家的研究之中，但被排除了。人类学家要想了解其信息提供者所说的话，就必须了解他们在许多情况下（在自己的群体中）应该说的话。然而，人类学家的研究故意忽略了这一点，而哲学家的研究则需要为以下主张辩护：这些人是这样做的，也是这样说的，而你也应该这样做。正如我们将要看到的，正是哈克未能确定他所代表的群体，才破坏了他的项目。

83

回到［C］：

无意义常常产生于一个表述违反了它的使用规则。

早就应该停止这种哲学伪装了。赖尔很糟糕地声称，他可以通过诉诸存在论的“逻辑”来识别“范畴错误”，但让我们面对现实吧，这只是一种虚张声势。他没有明确存在的逻辑术语来支持他的主张。尽管赖尔和维特根斯坦以及许多模仿者的此类言论很受欢迎，但从来没有哲学家曾阐明过使用任何普通表达的“规则”。可以肯定的是，哲学家们已经引出了数以百计的偏差判断，但

指出“我们不会如此这般说”并不是在表达规则。语言学家用星号来表达同样的意思，他们创造了成千上万个带星号的句子，例如：

*每棵橡树上都长出一颗橡子。

*房子里老鼠成灾。

但是，正如任何语言学家都会向你保证的那样，提请注意对偏差的判断——即使它是一个庞大的、描述详尽的偏差模式的一部分——并不等于揭示了支配这些情况的规则。语言学家们四十多年来一直在努力阐明英语句法和语义的规则，并且在一些不起眼的角落里，他们可以貌似有理地声称已经引出了“规则”。但是，他们也遇到了大片的模糊地带。这句话怎么说？

*猫从树上爬下来［杰肯道夫（Jackendoff）的一个例子］。 84

这是违反动词攀爬（climb）“规则”的胡说八道吗？这很难说，而且可能是用法在改变。这样的例子比比皆是。语言学家们已经知道，有些东西可能听起来有点怪，闻起来有点可疑，但仍然不违反任何人都能够制定和捍卫的任何明确规则。而无法言喻的规则的概念过于模糊，不值得讨论。哲学家的直觉，无论多么敏锐，在这种明显的实证研究中，都不是上乘的证据来源。

回到［C］。哈克继续将词库一分为二：

所讨论的表述可能是普通的非专业的表达，在这种情况下，可以从它的标准用法和公认释义中得出它的使用规则。或者它可能是一个专业术语，在这种情况下，必须从理论家对这个术语的引入和他对其规定用法的解释中得出它的使用规则。

我很想断言，当哈克暗示专业术语的特征是由“规定”其用途的理论家“引入”时，他只是错了（但并非说无意义的话）。要么是这样，要么就是他对“专业术语”的定义过于狭隘，以至于我们通常认为属于专业术语的许多术语在他那里都不属于专业术语——而“专业术语”是一个专业术语，他在此时此地规定了其用途。那就让哈克来定义专业术语吧，尽管这个定义很狭隘。书中作为攻击重点的术语没有一个是这种意义上的专业术语，所以，它们一定是“普通的，非专业的”术语——或者它们一定是杂交的，哈克在他1990年的书中简要考虑了这种可能性，并驳回了这种可能性：

85

> 如果神经生理学家、心理学家、人工智能科学家或哲学家想改变现有语法，引入新的说话方式，他们可能会这样做；但必须解释他们的新规定，并规定适用条件。而不能争辩说，既然我们知道“思考”“看到”或“推断”是什么意思，也知道“大脑”是什么意思，那么我们就一定知道“大脑思考、看到和推断”是什么意思。因为我们只有在掌握了这些动词的现有用法之后，才会知道它们的含义，而这并不允许将它们应用于身体或其各个部分，除非是派生的。也不能将新的“专业”用法与旧的交叉使用，就像神经科学家通常在他们的理论中所做的那样。因为这会产生规则冲突，从而导致神经科学家在使用这些术语时的不连贯。（第148—149页）

最后一种说法——也是2003年著作的核心——是在乞求论点。如果哈克能够向我们展示规则，并告诉我们新的用法是如何与规则相抵触的，我们可能会同意或不同意他的观点，但他只是在胡编乱造。他根本不知道使用这些日常心理学术语的“规则”是什么。更能说明问题的是，他对先验方法论的坚持使他对自己在这里所做的事情有系统地视而不见。让他彻底地[14]相信，他有一种先验的方法能让他“先行”洞察普通心理学术语的含义。他仍然有责任说明，他的前论或舞台设置如何避免了我们可以称之为概念近视（conceptual myopia）的陷阱：把自己一个人的（可能是狭隘的、不知所云的）概念当作对具有不同目的和训练的其他人具有约束力的概念。事实上，他如何证明他和他所批评的那些人说的是同一种语言？这肯定是一个实证问题，而他没有足够谨慎地解决这个问题，导致他误入歧途。事实上，他所做的不是好的哲学，而是坏的人类学：他去认知科学那里“考察词语的使用”，却没有注意到他自己正在把他的日常语言带入陌生的领域，而他的直觉并不一定适用。当他称他们的用法为“反常”时，他犯了一个初学者的错误。

86

认知科学家在理论化中使用心理谓词确实是英语的一种特殊行话，与牛津大学哲学系教授的说话方式完全不同，而且有自己的“规则”。我是怎么知道的？因为我做过人类学（你必须是一个奎因自然主义者，才能避免犯这些简单的错误）。有一段话很有说服力，在这段话中，哈克承认了这种可能性，但却暴露了他无法认真对待它：

> 大脑也从事这些人类活动，这是一个新发现吗？还是神经科学家、心理学家和认知科学家出于良好的理论原因，将这些心理学表述的日常用法扩展开来的一种语言创新？或者，往坏处说，这是一种概念上的混淆吗？（第70—71页）

哈克毫无争议地选择了第三种可能性，而我则认为是前两种可能性。这有一个发现的要素。这是一个经验事实，而且是一个令人吃惊的事实，我们的大脑——更具体地说，我们大脑的部分——参与的过程与猜测、决定、相信、下结论等惊人地相似。与这些个体层面的行为一样，它足以让人认为有必要扩展普通用法来覆盖它。如果你不研究采用意向立场所取得的卓越科学成果，你就会认为这样说话简直是疯了。其实不然。

事实上，正是这一点激发了我对意向立场的解释。当我开始花时间与计算机科学和认知神经科学的研究人员交谈时，令我印象深刻的是，他们不自觉地、没有任何暗示或扬起眉毛，谈论计算机（以及程序、子程序和大脑部分等等）想要、思考、得出结论和决定等等。规则是什么？我问自己，我得出的答案是采取意向立场的规则。事实问题是：这些领域的人是否这样说话，意向立场是否至少占据了他们说话方式“规则”的核心部分？[15]我想这也是一个政治问题：他们有权这样说话吗？好吧，这样做的回报很丰厚，可以提出假设进行检验，阐述理论，将令人苦恼的复杂现象分析成更容易理解的部分，等等。

87

哈克还发现了神经科学中无处不在的意向性术语的使用。他很震惊，我告诉你，震惊！这么多人犯了如此严重的概念性错误！他对此一无所知。这不仅仅是神经科学家，还有计算机科学家（不仅仅是人工智能）、认知行为学家、细胞生物学家、进化理论家……所有人都愉快地投入游戏中，教他们的学生用这种方式思考和说话，这是一种语言流行病。如果你让一个普通的电气工程师解释你家一半的电子设备是如何工作的，你会得到一个充斥着意向性术语的答案，这些术语犯了分体论谬误——如果这是一个谬误的话。

这不是谬误。我们不会将完全成熟的信念（或决定或欲望——或痛苦，天知道）归于大脑的部分——那将是一个谬误。不，我们把一种削弱了的信念和欲望归于这些部分，信念和欲望剥离了许多日常含义（例如关于责任和理解）。正如一个年幼的孩子可以在某种程度上相信她的爸爸是医生（没有完全理解爸爸或医生是什么），[16]所以一个机器人——或一个人的大脑的某个部分——可以在某种程度上相信前面几英尺有一扇开着的门，或者右边有什么不对劲的地方，等等。多年来，我一直为意向立场在描述复杂系统（从下棋的计算机到恒温器）以及描述大脑子系统等多个层面上的特征时的这种用法进行辩护。这个想法是，当我们设计一个复杂系统（或对像人或人的大脑这样的生物系统进行逆向工程）时，我们可以通过把整个奇妙的人分解成具有人的部分能力的类似代理系统的子实体，这些代理系统具有人的一部分能力，然后这些微型人（homunculi）可以进一步分解成更简单、更不像人的代理系统，以此类推——一个有限而不是无限的倒退，当我们愚蠢到可以被机器取代时，这种倒退就触底了。现在，也许我试图证明和解释这一举动的所有努力都是错误的，但由于贝内特和哈克从未讨论过这些问题，他们也就无法对其进行评估。

88

这是我在哈克多次引用的一篇论文（虽然不是这段话）中的说法：

> 也许有人会问：亚个体的组成部分是真正的意向系统吗？当我们的能力下降到简单的神经元时，真正的意向性会在什么时候消失？不要问。将单个神经元（或恒温器）视为意向系统的理由并不令人印象深刻，但并不是零，我们在最高层次上的意向性归因的安全性并不取决于我们是否确定了最低层次的真正意向性。（“Self-portrait”, in Guttenplan, listed by H&B as “Dennett, Daniel C. Dennett,” 1994）

微型人谬误（homunculus fallacy）把整个心灵归于系统的一个适当部分，只会推迟分析，因而会产生无限倒退，因为每个假设都不会取得进展。把半—半—半—原始—准—伪的意向性（semi-demi-proto-quasi-pseudo intentionality）归于人的分体论部分绝非错误，恰恰是这一可行举措使我们能够看到如何将完

89

整的人从野蛮的机械部分中解放出来。这是一件非常难以想象的事情，这种意向立场所赋予的诗意许可大大减轻了这项任务。[17]所以，从我的角度来看，哈克的想法天真得滑稽，就像一个老式的语法学家责骂人们说不规范的“不是”（ain't）的缩写，并坚持说你不能这么说！而那些人显然能够这么说，而且知道他们这么说是什么意思。哈克在他的1990的著作中预见到了这一前景，并对其进行了非常精彩的描述：

> 如果从表面上看所有这些［认知科学］，那么它似乎表明：第一，这些谓词在字面上的使用仅限于人类以及行为像人类的语法评论要么是错误的，要么是绝对地错误的，要么显示出被科学进步所超越的“语义惯性”（semantic inertia），因为机器实际上确实行为像人类。其次，如果把认识的甚至知觉的谓词归于机器是有道理的，因为机器是为了模拟人类的某些操作和执行人类的某些任务而制造的，那么假设人脑一定具有与机器设计类似的抽象功能结构似乎也是有道理的。在这种情况下，将各种心理谓词归因于人脑肯定是有意义的。（第160—161页）

没错，这就是他的说法。他是如何反驳的？他没有反驳。他说：“哲学问题源于概念混淆。它们不能通过经验发现来解决，也不能通过概念改变来回答，只能把它们扫到地毯下面。”（第161页）既然哈克的哲学问题已经过时了，我想我们也许可以把它们扫到地毯下面，不过我更希望给它们一个体面的葬礼。

神经科学的细节

贝内特和哈克在对神经科学文献进行研究时，他们的批评很少有新意。他们引用了克里克、埃德尔曼、达马西奥和格雷戈里（Gregory）以及其他许多人的话，这些话让他们觉得“不连贯”，因为这些科学家犯了所谓的分体论谬误。 *90*

> 他们所使用的心理学表达方式远非新的同形异义词，而是在习惯意义

上被引用的，否则神经科学家就不会从这些表达方式中得出他们所得出的推论。当克里克断言“你所看到的事物并非实际这样存在的，而是你的大脑相信它是这样存在的”时，重要的是他认为“相信”具有其正常的含义——它的意思与某个新词“相信*”并不相同。因为，信念是基于先前经验或信息的解释结果（而不是基于先前经验*和信息*的解释结果*），这是克里克叙述的一部分。（第75页）

事实上，他们只是错了（但并非无意义的）。克里克的整个叙述（在这个例子中，它是一个相当平庸且无争议的解释）是克里克打算在亚个体层面上来理解的。所讨论的解释不是对（个体层面的）经验的解释，而是对，比如说，来自腹侧通道（ventral stream）的数据的解释，而解释的过程当然应该是一个亚个体的过程。另一段话也有同样的意思：

同样，当J. Z. 杨谈到大脑包含知识和信息，这些知识和信息被编码在大脑中，“就像知识可以记录在书本或计算机中一样”[20]。他指的是知识（而不是知识*）——因为可以记录在书本和计算机中的是知识和信息（而不是知识*和信息*）。

91 作者没有做任何事情来证明不存在可以在书籍和大脑二者中编码的知识或信息的概念。在认知科学领域，认知科学中有大量关于信息概念和知识概念的文献（想想乔姆斯基对“认知”的讨论，作为对早期回避问题的回应，与作者的方向大体相同）——而作者对这些早先的讨论视而不见，这表明他们并没有认真对待自己的任务。还可以引用许多其他类似的例子。他们只有一个观点，即分体论谬误，而且他们不考虑任何细节就全盘使用了这个观点。每次他们都会引用违规的段落——他们本可以找到比这多上百倍的将意向立场归于大脑子系统的例子——然后简单地宣布它是没有意义的，因为它犯了他们的谬误。他们没有一次试图证明，由于犯了这个可能很可怕的错误，相关作者被引入了某种实际错误或矛盾的歧途。谁知道神经科学哲学会如此简单？

请看他们对心理意象这一引人入胜而又充满争议的话题的讨论。首先，他们证明——但我怀疑是否有人怀疑过这一点——创造性想象和心理意象确实是截然不同的独立现象。然后，他们的致命一击来了："按地形排列的感觉区域不是任何事物的图像；大脑中没有图像，大脑也不拥有图像。"（第183页）作为一个多年来一直极力主张我们不能妄下结论说"心理意象"涉及大脑中的实际图像，而且大脑中的视网膜阵列很可能在人脑的处理过程中并不具有图像的功能的人，我必须指出，他们光秃秃的断言根本无济于事。是否"我们会说"大脑拥有图像，这根本无关紧要。大脑中那些明显具有图像几何特性的刺激阵列是否具有图像的功能，这是一个实证问题，而且是一个接近答案的问题。哲学分析无力解决这个问题——除了一种极度反动的坚持，即这些类似图像的数据结构，从这些数据结构中提取信息的方式显然与我们（在个体层面上）从公共图像中视觉提取信息的方式类似，不算是图像。这种混淆视听的举动给哲学在认知科学中带来了严重的可信度问题。 92

事实上，认知科学家在谈论图像、知识、表征和信息等问题时存在严重的概念问题。但这是一项艰苦细致的工作，表明所使用的术语正在被滥用，这严重误导了理论家。事实是，在大多数情况下，这些术语，正如它们在认知科学中发现的那样，确实是"普通语言"——不是某些理论中明确规定的专业术语。[18]理论家们常常发现，在谈到正在处理的信息、正在做出的决定、正在咨询的表述时，有些印象主义的说法是有用的，而且，他们并没有像哲学家在被质疑他们的意思时可能会做的那样，即更准确地定义他们的术语，而是指着他们的模型说："看，这就是我告诉你的正在进行信息处理的机制。"而这些模型起作用了。它们的行为方式是它们为了兑现那个特殊的微型人而必须表现出来的，所以也就不需要再进一步挑剔究竟是什么被归于这个系统了。

但是，理论家们对其模型的有意解释的热情误导他们的情况也屡见不鲜。[19]例如，在图像争论中，斯蒂芬·科斯林等人的过度解释就有错误之处，需要纠正。这并不是说地图讨论或图像讨论在神经科学中完全被遗弃，而是说必须非常谨慎地引入，而有时却并非如此。哲学有帮助吗？是的，它有帮助。贝内特和哈克说："它可以解释——正如我们已经解释的那样——为什么心理意象不是虚无缥缈的图片，为什么它们不能在心理空间中旋转。"（第405页）这种全盘否定的方法是没有用的。人们在进行心理想象时，大脑中实际发生的事情并不能通过指出个体层面不是亚个体层面这一点来解决。理论家们已经知道这一点；他们并没有犯这个错误。他们实际上是相当谨慎和微妙的思想家， 93

其中一些人仍然想谈论图像在大脑中作为图像发挥作用的问题。他们很可能是对的。[20]像哈克这样的哲学家可能会对亚个体[21]的话题失去兴趣，但是他们不应该犯下批评他们知之甚少的领域的错误。

有时，作者会轻率地自信地错过了重点，以至于效果非常有趣，比如他们对大卫·马尔的严厉指责：

> 看见并不是从落在视网膜上的图像或光阵中发现任何东西。因为从这个意义上说，一个人不能从自己无法感知的事物中发现任何东西。我们无法感知落在视网膜上的光阵［原文如此］，我们感知的是光阵使我们能够感知的任何东西。（第 144 页）

明白了。由于我们没有感知落在视网膜上的光阵，因此很明显我们没有发现任何东西。马尔不是白痴，他明白这一点。那么，马尔的视觉亚个体过程（subpersonal processes）理论呢？

> 此外，完全不清楚的是，心灵获得假定的神经描述将如何使人能够看到。如果马尔（正确地）坚持认为是人而不是心灵看到了东西，那么如何解释从大脑中编码的三维模型描述的存在到看到眼前事物的经验这一过渡呢？可以肯定的是，这不是一个经验问题，需要通过进一步研究来解决。它是概念混淆的产物，需要解开纠缠。（第 147 页）

恰恰相反，我要说的是，这是一个哲学问题，可以通过解决那些认为它"完全不清楚"的人来解决，并引导他们理解马尔的理论是如何解释先见者所具有的一系列能力的。[22]马尔或多或少是想当然地认为，他的读者可以自己找出一个大脑模型，将其视为一个可查阅的三维世界模型，这样就能很好地解释拥有这样一个大脑的生物是如何看到东西的，但是，如果有些读者无法理解这一点，哲学家也许是解释这一点的好专家。仅仅断言马尔正在遭受概念上的混乱，正如罗素恰当地指出的那样，盗窃就已经胜过了诚实的劳动。

94 因为看东西是一种能力的行使，是视觉能力的使用——而不是语义意

义上的信息处理或在大脑中产生描述。(第 147 页)

这不是又一次盗窃。必须解释的是“视觉能力”这种能力，而这种能力是通过其各部分的较小能力来解释的，这些部分的活动包括（某种程度上的）描述的创造和咨询。这些例子多得数不胜数：

> 像勒杜（LeDoux）那样说“你的大脑有可能在确切知道某物是什么之前就知道它是好是坏”，除了作为一种误导性的修辞手法之外，毫无意义。(第 152 页)

但谁被误导了呢？不是勒杜，也不是勒杜的读者，如果人们仔细阅读的话，就会发现他实际上找到了一个非常好的方法来表达一个令人惊讶的观点，即大脑中的一个专门回路可以在信息传递到那些完成刺激物识别的网络之前，根据一种迅速的分类来区分某种东西是危险的（是的，是的，我知道。只有人——医生或护士之类的——才能进行我们称之为分类的行为；我说的是“转喻”，习惯它吧）。

95

总之，我想告诉我的神经科学同行们的是，这里没有什么可回答的。作者声称，认知神经科学领域的每个人都犯了一个相当简单的概念性错误。我建议驳回所有指控，直到作者提出一些值得考虑的细节。作者是否提供了其他可能对神经科学有价值的东西？他们没有提供任何实证理论或模型，也没有就如何构建这些理论或模型提出任何建议。当然，因为这不是哲学的领域。例如，他们对大脑连合切断术和盲视的“正确”解释，只是对所呈现现象的平淡复述，而不是解释。就目前而言，他们是对的：这就是这些瞩目现象的出现方式。现在，我们该如何解释它们呢？正如维特根斯坦所说，解释必须停在某个地方，但不能停在这里。贝内特和哈克沮丧地引用了格林、克里克、埃德尔曼、泽基等人对哲学的一些粗鲁的轻蔑言论。(第 396—398 页）根据这一表现，我们就能理解为什么神经科学家们如此不以为然了。[23]

注释

1. 1969 年，我在《内容与意识》一书中的目的是“阐明必须讲述整个故事的概念背景，确定任何令人满意的理论必须在其中发展的制约因素（第 ix 页）……［发展］一种独特的话语模式的概念，即心灵语言，我们通常用这种语言来描述和解释我们的心理经验，而这种语言只能与制定科学的话语模式间接相关”（第 x 页）。

2. 尽管早期的理论家——如弗洛伊德——在谈到常识心理学时的含义有些不同，但我相信我是在“Three Kinds of Intentional Psychology”（1978）一文中第一个提出将其作为哈克和贝内特所说的“普通心理描述”的名称的人。他们坚持认为这不是一个理论，我也是。

3. 参见我在《大脑风暴》（*Brain Storms*，1978）中的“A Cure for the Common Code”一文，以及最近在达尔博姆（Dahlbom）编著的《丹尼特及其批评者》（*Dennett and His Critics*，1993）中的“意向法则与计算心理学”（“Back from the Drawing Board”的第 5 节）中对此的讨论。

4. 这个清单很长。除了前面脚注中引用的工作，请参阅我在《头脑风暴》中对意象、感受质、内省和疼痛工作的批评。我并不是唯一一个对自己的工作有预见性却被他们忽略的理论家。例如，在讨论心理意象时，他们重塑了泽农·皮利新（Zenon Pylyshyn）的各种观点，却没有意识到这一点。贝内特和哈克并不是第一批频繁涉足这些领域的概念分析家，他们的大部分观点（如果不是全部的话）都曾在他们没有引用的文献中出现过，并得到了应有的考虑。我在他们的书中没有发现任何新东西。

5. 他们专门用来攻击我的观点的附录是一串长长的嘲笑，是一系列愚蠢的误读的集合。以下面这段话结尾：“如果我们的论点成立，那么丹尼特的意向性理论和意识理论对从哲学上澄清意向性或意识没有任何贡献。更不用说它们为神经科学研究或神经科学理解提供指导。”（第 435 页）但是这里没有论据，只有“不连贯”的声明。在发表这篇文章的美国哲学研究会会议上，哈克做出了更多同样的回应。在 60 年代的牛津，曾经有一种微妙的不理解的“颤抖”代替了一场争论。但这种时代已经一去不复返了。我给哈克的建议是：如果你觉得这些问题难以理解，那就再努力试试。你几乎还没有开始接受认知科学的教育。

6. 霍恩斯比，2000 年。哈克对我的区分视而不见不能归咎于近视；除了霍恩斯比的著作外，牛津大学的其他哲学家也对此进行了详细讨论：如 Davies，2000；Hurley，*Synthese*，2001；以及 Bermudez，“Nonconceptual：From Perceptual Experience to Subpersonal Computational States，”*Mind and Language*，1995。

7. 另参见《头脑风暴》中的“人格条件”（Conditions of Personhood）。

8. 另参见《意识解释》(*Consciousness Explained*, 1991) 中关于解释层次的讨论。

9. 在提交这篇文章的美国哲学研究会会议上，塞尔没有就此事发表评论，他有一大堆反对贝内特和哈克的意见。

10. 作为一个摒弃以真假作为哲学命题试金石的哲学家，哈克却可以非常随便毫无论据地断言某某是错误的，某某是错误的，诸如此类。如果不假定这些附论 (obiter dicta) 的本意是真 (相对于假)，就很难对其进行解释。也许我们应该理解，他的命题中只有很一小部分，即专门的哲学命题，“预示”了真假，而他的绝大多数句子都是它们看上去的样子的——以真理为目标的断言。因此，据推测，它们会受到经验的证实和否定。

11. 在《甜梦：意识科学的哲学障碍》(*Sweet Dreams*: *Philosophical Obstacles to a Science of Consciousness*, 2005) 一书中，我将当代心灵哲学的某些流派描述为天真的先验自我人类学 (第 31—35 页)。哈克的工作让我印象深刻，因为他是一个典型的例子。

12. 请注意，我并不是说自我人类学总是一种愚蠢或无用的努力；我只是说，它是一种实证探究，在探究得当的情况下，会产生关于探究者在自身中发现的直觉以及这些直觉的含义的结果。这些可能是探究的有益成果，但更重要的是，在什么条件下，这些含义应该作为任何主题的真理指南被认真对待。有关这方面的更多信息，请参见《甜梦：意识科学的哲学障碍》。

13. *The Claim of Reason*: *Wittgenstein*, *Skepticism*, *Morality*, *and Tragedy* (1979; 2d ed., 1999).

14. 像哈克这样的哲学家，即使不以真理为目标，也能是正确的吗？

15. 据推测，杰出的神经科学家贝内特扮演了哈克的人类学家的信息提供者，但我又如何解释哈克对认知科学的行话 (以及模型和发现) 中的微妙之处几乎完全不敏感呢？难道哈克选错了信息提供者？也许贝内特在神经科学领域的研究一直停留在突触层面，而在亚神经元层面工作的人与认知科学学科的距离，就像分子生物学家与野外动物行为学家的距离一样遥远。这样遥远的企业之间交流并不多，即使在最好的情况下，也会有很多沟通不畅——而且很遗憾地说，还有相当程度的互不尊重。我记得一位杰出的实验室主任在一次研讨会的开场白是这样说的：“在我们实验室，我们有一句谚语：如果你研究一个神经元，那就是神经科学；如果你研究两个神经元，那就是心理学。”他并没有恭维的意思。当然，选择一个没有同情心的信息提供者是人类学灾难的根源。(美国哲学研究会会后补充) 贝内特在开场白中证实了这一猜测。在回顾了他的突触研究生涯后，他对当今认知神经科学家的引人注意的假说和模型表示了彻底的失望，并明确表示他认为这一切都是不可理解的。有像贝内特这样的信息提供者，难怪哈克无法在认知神经科学中找到任何有价值的东西。

16. 参见《内容与意识》，第183页。

17. 仅举一例，当哈克强烈反对我的“野蛮的关涉性”(barbaric nominal “aboutness”)(第422页)，并坚持认为“阿片受体与阿片类药物的关系(about)并不比猫与狗或鸭子与鸽子的关系更密切”(第423页)时，他当然是完全正确的：阿片类药物与阿片受体之间的优雅关系并不是完全成熟的“关涉性”(aboutness)(抱歉我这么野蛮)，而仅仅是“原始的关涉性”(proto-aboutness)，但这正是人们所珍视的某种分体论的总和中的一个纯粹部分所具有的属性，而这种分体论的总和(组织得当)可以表现出真实的(bona fide)、典型的(echt)、哲学上合理的、范式性的……意向性。

18. 在哈克的狭义上。

19. 这是认知科学批评工作中经常出现的一个主题。经典论文可追溯到 William Woods, “What's in a Link?” in *Bobrow and Collins*, *Representation and Understanding*, 1975; Drew McDermott, “Artificial Intelligence Meets Natural Stupidity,” in Haugeland , *Mind Design*, 1981; Ulrich Neisser, *Cognition and Reality*, 1975; Rodney Brooks, “Intelligence Without Representation,” *Artificial Intelligence*, 1991。它们一直延续到今天，包括那些做了功课并知道问题细节的哲学家的贡献。

20. 哈克和贝内特说：“如果说大脑中的地图是指视野中的某些特征可以对应到‘视觉’纹状皮层的细胞群的放电上，那么这种说法就会引起误解，但也无伤大雅。但我们不能像杨那样继续说，大脑利用它的地图来形成关于可见事物的假设。”(第77页)但这正是谈论地图的原因：大脑确实将它们作为地图使用。这就是为什么科斯林指出在想象过程中大脑皮层上可见的兴奋模式，对于我们在个体层面上称之为视觉想象的基础过程的性质完全没有定论。请参阅派利夏恩(Pylyshyn)最近(BBS, April 2002)发表的靶子文章和我的评论：“你的大脑会使用它上面的图像吗？如果会，如何使用？”

21. “哲学家不应该发现自己不得不在科学证据面前放弃关于意识本质的钟爱的理论(pet theories)。他们不应该有钟爱的理论，因为他们首先不应该提出受制于经验证实和否定的实证理论。他们关注的是概念，而不是实证判断；他们关注的是思维的形式，而不是思维的内容；他们关注的是逻辑上可能的东西，而不是经验上实际的东西；他们关注的是什么是有意义的，什么是没有意义的，而不是什么是真的，什么是假的。”(第404页)正是这种对哲学家本职工作的狭隘认识，让哈克在开始批评科学家时，如此严重地偏离了目标。

22. 关于这类解释的一个例子，请参阅我在《意识解释》一书中对机器人沙基(Shakey)如何通过(次人格化地)绘制视网膜图像的线条图，然后利用线条语义学程序来识别盒子的蛛丝马迹，从而分辨出盒子和金字塔(机器人的一个“个体层面”才能)的简化解释。

23. 贝内特和哈克的“附录 1：丹尼尔·丹尼特”不值得详细回复，因为他们经常误读断章取义的段落，而且显然故意忽略了对我针对他们提出的误读进行具体辩护的段落的讨论。然而，我忍不住注意到，他们相信创造论者的谣言，他们假定这将阻止我所谓的设计立场对生物特征的任何解释：“进化没有设计任何东西——达尔文的成就是用进化解释取代了设计解释。”（第 425 页）他们显然不明白进化论的解释是如何运作的。

让意识回到大脑

对贝内特和哈克《神经科学的哲学基础》的回应

约翰·塞尔

97　这是一本450多页的长书，涵盖了大量问题。书中有许多对我的观点的反对意见，还有一个专门用来批评我的附录。在此，我将仅就书中的某些核心问题发表意见，并回答我认为贝内特和哈克的批评中最重要的问题。但我并不试图讨论他们在书中提出的所有主要问题。

鉴于我的大部分发言将是批评性的，我想首先指出一些重要的共识领域。作者正确地指出，在知觉中，我们通常感知的是世界中的实际物体，而不是物体的内在图景或图像。他们还正确地指出，一个人与自身经验的正常关系并不是认识上的。以“特权访问”（privileged access）或任何其他类型的认识的“访问”模型来看待我们与我们的感知之间的关系都是错误的，而我们通过

98　“内省”模型来审视自己的思想，则是无可救药的混乱。我自己在许多著作中阐述了所有这些观点，我很高兴看到我们在这些问题上达成了一致。[1]

我把本文的初稿寄给了他们，他们友好地指出了他们认为我误解或错误阐述他们观点的段落，这使我得以纠正某些误解。

我认为，他们对心理现象的基本概念解释是错误的，在本文中我将试图解释其中的原因。为了说明我的观点与他们的观点之间的区别，我将首先简要概述我的一些观点。然后，我可以通过对比清楚地表达他们的观点。为了简洁起见，我的讨论将仅限于意识，当然，尽管在经过必要的修改后，对于意向性也可以做出类似的评论。

一、意识是一种生物现象

首先，根据定义，意识由定性的和主观的状态（我用“状态”来涵盖状态、过程、事件等）组成。除了病理学之外，意识状态仅作为单一统一意识场（single unified conscious field）的一部分出现。意识是定性的，因为任何意识状态都有一定的质的特性，即“它是什么”或“它感觉如何”方面。例如，喝啤酒的质的特性与听贝多芬第九交响曲的质的特性是不同的。从本体论的意义上讲，这些状态是主观的，它们只存在于人类或动物主体所体验到的状态中。从它们是统一的意义上讲，任何意识状态，比如现在键盘在我手指上的感觉，都是作为一个大的意识状态（我现在的意识场）的一部分而存在的。由于其主观性和质的特性，这些状态有时被称为“感受质”。一般来说，我不认为这个概念有用，因为它意味着定性的意识状态和非定性的意识状态之间的区别，而在我看来，并不存在这种区别。“意识”和“感受质”只是同延的术语。然而，由于贝内特和哈克否认感受质的存在，我将在本文中使用这个术语来强调分歧点。当我说意识状态存在时，我指的是感受质存在。当他们说意识状态存在时，他们的意思完全不同，正如我们将看到的。

99

意识现象是在时空中发生的具体现象。而不是像数字那样的抽象实体。我曾经认为质性（qualitativeness）、主观性（subjectivity）和统一性（unity）是意识的三个不同特征，但经过反思，我似乎很清楚，每个特征都暗示着下一个特征。这三个是意识本质的不同方面：定性的、统一的主观性。

其次，这些状态，感受质，完全是由大脑过程引起的。我们不太确定因果机制是什么，但突触处的神经元放电似乎发挥着特别重要的功能作用。

再次，意识状态存在于大脑中。它们在大脑中被实现为更高层次或系统特征。例如，对祖母的有意识思考是大脑中发生的过程，但据我们所知，没有任何一个神经元能够引起和实现对祖母的思考。意识是大脑的层次高于单个神经元的一个特征。[2]

当然，关于意识还有很多话要说，我在其他地方也说过。我认为以上内容是或多或少受过教育的科学常识。但当前讨论的有趣之处在于，尽管看起来令人震惊，但贝内特和哈克否认了这三点。

他们声称已经证明了感受质的概念，即意识经验的质的特性的概念，是“不连贯的”。他们还说：“我们与塞尔分道扬镳……当他声称心理现象是由大脑中的神经生理学过程引起的，并且本身就是大脑的特征时。”(《神经科学的哲学基础》，第446页)①

100 为了了解他们否认的程度及其对哲学和神经科学的影响，让我们把我的三个原则应用到一个实际例子中。我现在看到一只手在我面前。我看到我的手这一事件的组成部分是什么呢？嗯，首先，那里必须有一只手，而且它必须对我的视觉和神经生物学器官产生一定的影响（我就不详细说了）。在正常情况下，比如在非盲视情况下，这种影响会产生有意识的视觉经验，在我看来是一种定性的、主观的事件，即感受质。我想强调的是，视觉经验具有我刚才提到的所有特征：它是定性的、主观的，并且作为统一场的一部分而存在。它是由大脑过程引起的，存在于大脑中。因此，我们在视觉场景中得到了三个组成部分：感知者、感知对象和定性视觉经验。神经科学领域的许多最优秀研究工作都在努力解释大脑过程是如何导致视觉经验的，以及视觉经验在大脑中的何处和如何实现。令人震惊的是，贝内特和哈克却否认了这种意义上的视觉经验，即感受质意义上的视觉经验的存在。他们指出，我感知到的是一只手而不是视觉经验，这是完全正确的，但否认存在定性的视觉经验（在视觉感受质的意义上），这简直是离奇。例如，当我闭上眼睛时会发生什么？定性的视觉经验停止了。这就是为什么我不再看得到手了，因为我不再有有意识的视觉体验。请注意，手的存在是我真正看到手的必要条件，但它并不是视觉经验存在的必要条件，因为在幻觉的情况下，我可以在没有手的情况下获得难以区分的体验。

贝内特和哈克并不是第一个否认感受质存在的作者，但他们的否认并不是出于那些盲目的唯物主义，他们担心，如果他们承认不可还原的主观心理现象的存在，就会发现自己与笛卡尔同流合污。那么，是什么，什么可以促使人们否认我所定义的意识状态的存在呢？

---

① 对于本部分文内夹注页码，若未作明确说明，均指出自贝内特和哈克所著《神经科学的哲学基础》(Blackwell，2003)。——译者注

二、维特根斯坦的观点

理解他们的书的最佳方式是将其视为维特根斯坦的心灵哲学在当代神经科学中的应用。这本书的独创性很大程度上在于它是前无古人的。据我所知，贝内特和哈克的立场在当代心灵哲学的辩论中是独一无二的。 *101*

那么，（他们对）维特根斯坦的心灵哲学的解释是什么，他们又是如何将其应用于神经科学的呢？他们引用了维特根斯坦的一段关键表述：

> 只有对于活生生的人和类似于（表现得像）活生生的人的东西，你才能说：他有感觉；他能看，或是盲的；能听，或是聋的；有意识或丧失意识。（第71页）

也就是说，只有把心理谓词归于活生生的人或行为像活生生的人的东西，才是有意义的。行为在这些谓词的归因中的作用是什么？行为不仅为心理现象的存在提供了归纳依据，而且提供了逻辑标准。我们应该把行为表现看作是应用这些概念的逻辑标准。外在行为和心理概念之间存在着意义上的联系，因为只有能够表现出某种行为形式的存在，我们才能说它具有心理现象。两个关键的句子是这样的（第83页）："心理谓词归因的标准依据部分构成该谓词的含义"，"大脑不符合作为心理谓词的可能主体的标准"。

现在，由于贝内特和哈克接受了维特根斯坦的这一概念，他们认为其直接的逻辑后果是，意识不可能存在于大脑中，思考和感知等心理活动也不可能由大脑完成，因为大脑无法表现出相应的行为。（第83页）只有整个人，或者就动物而言，整个动物，我们才可以说它痛苦或愤怒，因为只有整个动物才有能力表现出部分构成有关概念应用条件的行为。由于心理状态与行为之间的标准联系，我们就不能像传统那样把心理现象与其外部表现割裂开来。这种标准联系解释了为什么我们确实可以看出某人生气或痛苦，或有意识或无意识。此外，贝内特和哈克现在被迫否认感受质的存在，因为感受质如果存在，就会存在于大脑中，而这与"意识不可能存在于大脑中"的论点是不一致的。对他 *102*

们来说，意识存在于大脑中不仅是错误的，而且是毫无意义的。我们不如说意识存在于质数中。

他们还采取了一些维特根斯坦式的行动来说明孩子如何学习心理词汇以及拥有心理词汇的意义是什么。我记得他们并没有使用“语言游戏”（language game）这一概念，但这一概念隐含在整部作品中。我们与心理词汇玩的语言游戏需要公开的、可观察的行为标准来应用它们。

这就是愿景，我认为书中的大部分实质性命题实际上都是从这个愿景出发的。这是否是批评当代工作的有效依据？它是否足以驳斥这样一种观点，即意识由统一的、定性的主观性组成，由大脑过程引起并在大脑中实现？我认为不是，原因如下。假设他们关于语言游戏的标准基础和公开可观察行为的必要性以及私人语言和其他所有内容的不可能性是正确的。接下来会发生什么呢？他们没有得出任何惊人的结论。一旦你承认，正如你必须的，就像维特根斯坦所做的那样，疼痛和疼痛行为之间、愤怒的感觉和愤怒行为之间、思考和思考行为之间等存在区别，那么你就可以将你的神经生物学研究注意力集中在疼痛、愤怒的感觉、视觉经验等上，而忘记行为。正如旧时代的行为主义者把心理状态的行为证据与心理状态本身的存在混为一谈一样，维特根斯坦主义者也犯了一个更微妙但本质上仍然相似的错误：他们把心理概念应用的标准基础与心理状态本身混为一谈。也就是说，他们混淆了归于心理谓词的行为标准与这些心理谓词所归于的事实，这是一个非常深刻的错误。

103

假设维特根斯坦是对的，除非存在常见的、可公开表达的疼痛行为形式，否则我们不可能拥有疼痛词汇。尽管如此，如果我问自己：“关于我的什么事实让我感到痛苦?”我的行为并没有事实表明我感到痛苦。我之所以感到痛苦，是因为我有某种不愉快的感觉。适用于疼痛的也适用于愤怒、思考以及其他所有的情况。即使维特根斯坦的方法作为对词汇运作的哲学分析是百分之百正确的，但在任何个别情况下，我们总能将内在的、定性的、主观的感觉与其在外部行为中的表现割裂开来。他们指出，虽然你可以在个别情况下进行区分，但不可能从来没有任何可公开观察到的疼痛表现，因为如果是这样的话，我们就无法使用疼痛的词汇了。让我们假设他们在这一点上是正确的。同样，当我们研究疼痛的本体论时——不是玩语言游戏的条件，而是现象本身的本体论——我们可以忘掉外部行为，只需找出大脑是如何引起内部感觉的。

请注意，在我引用的这段话中，维特根斯坦谈到了我们能说什么：

> 只有对于活生生的人和类似于（表现得像）活生生的人的东西，你们才能说：他有感觉；他能看，或是盲的；能听，或是聋的；有意识或丧失意识。（第 71 页）

104

但假设我们从这段文字中删除“说”这个词，改写如下：

> “只有活生生的人和行为像活生生的人的东西才能真正是有意识的”，如果我们把这句话视为概念或逻辑上的主张，它显然是错误的。假设我们将其视为，“只有行为像人类的东西才能真正是有意识的，这是一个概念或逻辑真理”。

但作为概念或逻辑真理，这似乎是错误的。例如，软体动物和甲壳类动物，如牡蛎和螃蟹，它们的行为一点也不“像人类”，但这一事实本身并不能解决它们是否有意识的问题。不管它们的行为与人类的行为有何不同，如果牡蛎的神经系统具有正确的神经生物学过程，那么它们仍然可能有意识。假设我们拥有完美的大脑科学，我们确切地知道人类和高等动物的意识是如何产生的。如果我们随后发现牡蛎中存在产生意识的机制，但蜗牛中不存在，那么我们就有充分的理由，实际上是压倒性的理由，假设牡蛎是有意识的，而蜗牛可能没有意识。意识的存在与行为无关，即使在人类中，行为的存在对于语言游戏的运行是必不可少的（标准）。“哪些低等动物是有意识的？”这个问题无法通过语言分析来解决。

维特根斯坦对心理词汇的功能进行了大体的阐述。他指出，以基于内在私人现象（inner private phenomena）的存在的外部归纳证据（external inductive vocabulary）的模型来解释语言游戏的运作是错误的。他提醒我们说：“内在的过程需要外在的标准。”但是，即使我们接受这种对词汇的解释，也没有什么能阻止我们从神经生物学的角度解释意识状态是如何由大脑过程引起并在大脑系统中实现的。此外，要求系统（即整个人）能够表现出行为，并不意味着系统中不可能有一个元素（即大脑）是意识过程的位置。这是一个单独的观

105

点，我将在下一节中进一步解释。

简而言之，这个谬误在于混淆了词语的使用规则和本体论。正如旧时代的行为主义混淆了心理状态的证据与心理状态的本体论，维特根斯坦的标准行为主义也用所归因的事实来解释归因的基础。如果说语言游戏成功运行的条件就是有关现象存在的条件，那是一种谬论。假设我们对大脑有完美的科学研究，因此我们知道大脑是如何产生疼痛的。假设我们制造了一台机器，它能够有意识，而且确实能够有意识的疼痛。我们可以设计这台机器，使其不表现出任何疼痛行为。这取决于我们。在某些形式的实际疾病中，人们有疼痛但没有疼痛行为。在某些吉兰—巴雷综合征的病例中，病人完全有意识，但完全瘫痪，完全无法表现出与其心理状态相应的行为。贝内特和哈克指出，不可能所有的疼痛都是这种情况，没有人在疼痛中表现出疼痛行为，因为那样我们就无法应用这些词语。即使这是正确的，这也是语言游戏成功运行的条件，而不是疼痛存在的条件。

三、迄今为止的论点总结

我认为，一旦消除了这一基本谬误，该书的核心论点也就崩溃了。我稍后会讨论他们的详细论点，但现在我想总结一下迄今为止的论点。维特根斯坦声称，描述内在心理现象的语言的可能性的一个条件是这些现象的可公开观察到的行为表现。行为不仅仅是归纳证据，而且是概念应用的标准。为了论证起见，假设他是对的。那么他们就认为心理现象不可能存在于大脑中，因为大脑不可能表现出标准的行为。但这并不成立。可以得出的结论是，如果我们要讨论大脑中的心理状态，那么大脑必须是能够产生行为的因果机制的一部分（我将在下一节进一步讨论这一点）。通常情况下，它们是这样的。但即使在它们不是的情况下，我们也需要把心理现象的存在与谈论它的可能性区分开来。关于我的事实是，我感到痛苦时，存在着某种我确实感到痛苦的感觉。我是否在行为上表现出这种感觉与其存在本身无关。

106

四、该书的主要论点：分体论谬误

该书中最重要的论点，也是他们反复强调的论点，就是揭露了贝内特和哈克所说的“分体论谬误”，他们将这种谬误定义为把只有归于整体才有意义的东西归于部分。他们认为，这种谬误的典型表现形式是，人们会说大脑会思考、感知、希望、惊奇、决定等，而实际上正确的表述应该是整个人会思考、感知、希望、惊奇、决定等。谬误在于将只有在归于整个人时才有意义的东西归于部分，即大脑。我希望从维特根斯坦的观点中可以清楚地看出这一点：因为意识行为不能由部分（即大脑）表现出来，又因为意识行为对于意识的归因至关重要，所以我们不能把痛苦归于大脑。 107

我想提出一个迂腐的观点，这在后面会很重要。从他们自己的说法来看，严格地说，这不可能是分体论谬误的案例，即把归于整体时才有意义的东西归于部分的谬误，因为如果是这样的话，我们只需添加身体的其他部分的参照就可以消除谬误。大脑与身体其他部分的关系确实是部分与整体的关系。大脑是我身体的一部分。他们说，只有一个人才能成为心理归因的主体，而不仅仅是一个大脑。但人与大脑的关系并不是整体与部分的关系。这并不意味着人是有别于身体或“凌驾于”身体之上的东西。不幸的是，他们从未告诉我们一个人是什么，但我认为这对整个论述乃至整个讨论都至关重要。他们所说的分体论谬误，确切地说，是赖尔意义上的范畴错误。在他们看来，人与大脑属于不同的逻辑范畴，正因如此，当心理归因于大脑时，对人的心理归因就没有意义了。关于这一点，我稍后还会再谈。

正如他们所意识到的，事实上（至少）有三种不同的心理现象亚个体归因，他们用来反对一种归因的论据并不一定适用于其他归因。第一，大脑作为主体和行动主体（例如，“大脑会思考”）；第二，大脑作为心理过程的位置（例如，“思考发生在大脑中”）；第三，微观元素作为行动主体（例如，“单个神经元会思考”）。让我们按顺序考虑其中的每一个。

第一，大脑作为主体和行动主体。正如我在上文所述，在哲学和神经生物学文献中，使用认知动词来描述认知是非常常见的，其中动词的主体是“大 108

脑”。因此，人们通常会说大脑感知、大脑思考、大脑决定等，而贝内特和哈克认为这是不可接受的，原因我已经说过：大脑无法表现出相应的行为。在普通语言中，我们必须说是人决定的。是我决定投票给民主党候选人，而不是我的大脑。

正如我之前所说，这个结论的论据是，既然大脑不能表现出行为，它就不能成为心理谓词的主体。但是，一旦我们看到了这个论点的弱点，我们还能想出其他理由来拒绝把心理过程归因于大脑吗？我同意他们的观点，比如说，“我的大脑决定在上次选举中投票给民主党”是很奇怪的。为什么呢？我稍后再谈这个问题。

第二，以脑为场所。第二种归因形式实际上与第一种归因形式截然不同，即说明心理过程和事件实际发生在哪里。这里声称它们是发生在大脑中的。贝内特和哈克意识到把大脑作为心理过程的代理和主体与把大脑作为心理过程的位置之间的区别；但他们对这两种说法都持反对意见。他们认为大脑不能思考，而且思考不能在大脑中发生。但他们需要一个单独的论证来证明大脑不能成为这种过程的场所，而我找不到这个论证。严格说来，维特根斯坦的论证即使成立，也不能反对所有这些归因。为什么不能？该论点认为，心理过程的代理必须是一个能够表现出适当行为的系统。因此，在我们的视觉示例中，能够看见的系统必须能够表现出相应的行为。因此，我们不能说大脑能看见，我们只能说整个系统，也就是说，人。但这并不妨碍我们将视觉经验认定为“看见”的一个组成部分，并将视觉经验定位在大脑中。维特根斯坦的论证只要求大脑是能够产生行为的整个系统的因果机制的一部分。即使某些心理过程位于大脑中，这个条件仍然可以得到满足。

109 要明白这一点，打个比方。假设有人说：“我们不应该说胃和消化道的其余部分能消化食物，只有整个人才能消化食物。”从某种意义上说，这是对的。但请注意，为了研究它是如何工作的，我们可以问具体的消化过程是在哪里发生的，是如何发生的。而答案是它们发生在胃和消化道的其余部分。现在，类似地，有人可能会坚持认为是我这个人有意识地感知和思考，而不是我的大脑。尽管如此，我们还是可以问意识过程在解剖学中的哪个位置发生，显而易见的答案是它们发生在大脑中。贝内特和哈克意识到了这种区别，但似乎并没有意识到大脑不可能是心理过程的场所这一说法需要一个单独的论证，而我并没有找到这样的论证。他们说："一个人思考某个想法的事件发生地就是当这个想法出现在他身上时他所在的地方。"（第 180 页）毋庸置疑这是真的，但这并不意味着我的想法也不会出现在我的脑海中。我现在就有了一些想法。在哪里？在这个房间里。这个房间的具体位置在哪里？在我的大脑里。的确，随着功能磁共振成像技术和其他成像技术的发展，我们越来越接近能够准确说出思维在我大脑中的哪个位置发生。

五、意识状态的位置以及大脑过程对这些状态的因果关系

我提出的图像是，有意识的心理过程发生在大脑中，并且是由较低级别的神经元过程引起的。它们的图像是什么？一旦他们否认心理过程发生在大脑中，我相信他们就无法对意识的位置和因果关系给出一个连贯的解释。他们认为神经过程是意识的必要条件，但它们不是，而且我认为他们也无法阐明一个显而易见的观点，即在适当的情况下，神经生物学过程在因果关系上足以产生意识。我现在的意识状态、感受质都是由大脑中较低级别的神经元过程引起的。

110

我认为书中一些最薄弱的论点是关于意识状态的位置和因果关系的问题。他们说："在动物的某个部分，无论这个部分是肾脏还是大脑，都不存在所谓的心理过程（比如在想象中背诵字母表）。"（第 112 页）"大脑里进行的是神经过程，而神经过程的发生是为了让大脑所属的人经历相关的心理过程。"（第 112 页）

我认为这段话包含着一个深刻的错误，我想一步一步加以说明。

假设我默默地背诵字母表，正如我们所说的"在我的脑海中"。这是现实世界中的真实事件。像所有真实事件一样，它发生在时空中。那么，事情发生在哪里？他们说我这个人经历了心理过程。毫无疑问，这是对的，但我默念字母表这一有意识的、可确定日期的、有空间位置的心理事件到底是在现实时空中的什么地方发生的呢？他们无法回答这个问题，只能说是在纽约或这个房间里发生的。我认为，很明显，一个有意识的事件，一组感受质，发生在我的大

脑中。再说一遍，随着成像技术的不断进步，例如功能磁共振成像技术，我们越来越接近于准确说出它发生的位置。

这种对感受质的现实和空间位置的否认使他们无法对神经过程与心理事件的关系给出连贯的因果解释。他们说神经过程是心理过程发生的因果必要的（“需要发生”）。但我们需要知道，在这种情况下，什么才是因果充分的，是什么让我“经历”了心理过程？每当我们谈论原因时，我们都需要说明到底是什么导致了什么？他们的说法是什么？在我看来，有意识的心理活动完全是由大脑引起并在大脑中实现的。在这种情况下，这些神经元放电就足以产生那些感受质，那些有意识的心理事件。他们的解释是什么？他们不能说神经元的放电导致了感受质，即定性经验，因为他们否认了感受质的存在。他们不能说神经元的放电导致了行为，因为根本就没有行为。那么，我所经历的心理过程的本质到底是什么，导致它发生的原因到底是什么？神经元放电……然后呢？神经元需要放电才能让我“经历”心理过程。但如果没有感受质和行为，“经历”心理过程又包括什么呢？他们对这些问题没有答案，而且从他们的整体理论来看，我认为他们也不可能有答案。

111

根据维特根斯坦的假设，如果大脑不能表现出行为，那么它就不能成为心理归因的主体或代理。我认为这是一个错误。但是，无论这是否是一个错误，我们仍然需要区分大脑不能成为心理动词的主体这一论点与大脑不能成为心理过程的场所这一论点，而贝内特和哈克却没有区分这两者。他们意识到大脑作为主体和大脑作为场所之间的区别。他们既否认大脑可以是主体，也否认大脑可以是场所，但没有提供单独的论点来反对大脑是，例如，思维过程，发生的场所的主张。假设我们一致认为“我的大脑思考……”这句话听起来很奇怪。尽管如此，当我认为我的大脑中仍然可以进行思维过程时。维特根斯坦的论证最多只能证明，我们不应该把大脑视为主体或代理。但这并不意味着大脑不是相应过程的场所。他们反对大脑作为主体的论证并没有延伸到大脑作为场所的论证。

“意识过程发生在哪里？”这个问题在哲学上并不比“消化过程发生在哪里？”这个问题更令人费解。认知过程和消化一样是真实的生物过程。而答案是显而易见的。消化发生在胃和消化道的其余部分；意识发生在大脑中，也许发生在中枢神经系统的其他部位。

112

六、心理状态的隐喻与字面、观察者相对与观察者独立归因

第三，神经元作为主体和行动主体。贝内特和哈克反对的第三种归因形式是将大脑的脑下部分归因于心理过程。因此，例如，他们引用布莱克莫尔的话说，神经元感知、神经元决定、神经元进行推理等。他们认为这也是分体论谬误的一个实例。

我认为，如果理解得当，这是一个无伤大雅的隐喻，或者至少可以是一个无伤大雅的隐喻。事实上，在科学文献中，人们会对胃做出这样的归因。他们说胃知道什么时候需要某些化学物质来消化某些碳水化合物的输入。在我看来，这些隐喻是无害的，或者至少可以说是无害的，只要我们在“我推断或我接收信息”这种独立于观察者的字面意义与“我的神经元做出这样那样的推断或我的神经元感知这样那样的现象”这种隐喻和观察者相关意义之间保持清晰的区别。与其他器官相比，大脑更容易犯混淆与独立于观察者的真实感官和与观察者有关的隐喻感官的错误，原因显而易见，与观察者独立的内在心理过程在大脑中进行，以它们不会在胃和消化道其余部分进行的方式进行。我相信贝内特和哈克的想法是对的，他们批评的作者中至少有一些人，至少他们批评的一些作者对这些现象的观察者独立的归因与这些现象的观察者相对的和隐喻归因之间的区别没有明确的认识。从语义上讲，“信息”这个概念是罪魁祸首。工程师们在“信息论”意义上使用“信息”增添了额外的混乱，这与“我有这样那样的信息”意义上的信息毫不相干。例如，我们被告知大脑进行信息处理。从某种意义上说，这显然是对的。我通过感知接收信息，并对其进行思考，然后通过推理得出新的信息。问题是，在大脑中，例如在外侧膝状体核（lateral geniculate nucleus）中，存在着各种各样的亚个体过程，这些过程可以被描述成好像是它们思考信息的案例，但那里实际上当然没有信息。这只是神经元放电，导致在过程结束时会产生有意识的信息，但其本身没有语义内容。贝内特和哈克很清楚信息论意义上的“信息”与意向论意义上的之间的区别。他们把这两种意义分别称为“工程”意义和“语义”意义，但我在他

113

们的书中找不到关于独立于观察者的意义上的与依赖于观察者的意义上的“信息”之间的区别的明确表述。我拥有关于我的电话号码的与观察者无关的信息。电话簿有关于同一电话号码的与观察者无关的信息。我不反对谈论大脑中的信息和信息处理，只要人们清楚这些区别。

总结一下我们目前的讨论：我对他们的论点提出了三个主要反对意见。首先，维特根斯坦认为行为是一种公共语言中归因心理现象的标准，这一观点即使成立，也不能反驳意识可以存在于大脑中这一观点。其次，一旦我们区分了作为主体的大脑和作为场所的大脑，贝内特和哈克就没有单独的论据来反对作为场所的大脑了。事实上，据我们所知，我们所有意识过程的位置确实都在大脑中。最后，将心理状态归因于亚个体实体（如神经元）可以是无害的，只要明确这是一种隐喻性的使用。只要我们把字面意思和隐喻意思区分开来，把相对观察者和独立观察者区分开来，这种归因就没有什么不妥之处。

114

七、他们反对感受质的论点

为了使维特根斯坦的论证奏效，贝内特和哈克必须有一个反对感受质的独立论证。为什么呢？好吧，如果感受质存在，它们就必须有一个位置，而最明显的位置就是大脑。而这与他们的整体理论是不一致的。所以我们现在来谈谈他们反对感受质的论证。

正如我之前所说，意识由主观的、定性的、统一的心理过程组成，这些过程发生在实际人脑的颅内物理空间中，大概主要位于丘脑皮质系统中。例如，我认为我们的疼痛、发痒和搔痒都是主观的，因为它们只能存在于实际主体所经历的范围内，而且它们是定性的，是作为统一意识场的一部分发生的。贝内特和哈克认为他们有相反的论点。首先，他们使用了赖尔曾经使用过的一种论证方法，他们说，每一次疼痛、发痒或瘙痒只能由一个单一的主体经历的说法，只是一个微不足道的语法主张，并没有本体论上的后果。他们说，与此完全相同的是，一个微笑必须始终是某个人的微笑，或者一个喷嚏必须是某个人的喷嚏，或者，用赖尔的一个例子来说，球员在比赛中的接球必须是某个人的接球。从这个意义上说，打喷嚏、微笑和接球的私密性并没有表现出任何本体论上的重要意义。所以他们争论疼痛、发痒和瘙痒。是的，它们必须是某人的疼痛、搔痒或瘙痒，但这只是一个微不足道的语法问题，并没有赋予它们任何特殊地位。

对这个问题的答案隐含在我已经说过的内容中，是指涉及意识状态的表达不只是具有需要一个人称名词短语来识别特定情况的语法特征，而且现象本身的主观性是与质性联系在一起的。这不仅仅是语法上的问题。疼痛、发痒或瘙痒都有某种定性的感觉，这对于疼痛、发痒或瘙痒的存在至关重要。这种质的感受是所讨论的本体论主观性的一部分，例如，与“捕捉物”的特征等不同。 115

他们提出了反对感受质存在的独立论据，但在我看来，这些论据极其无力。他们说，如果丁香的气味和玫瑰的气味同样令人愉快或不愉快，它们就具有相同的质的特性。(第 275—276 页）令人震惊的是，他们假定“特性”是愉快或不愉快的程度问题。但这没有抓住重点。玫瑰的气味和丁香的气味的感受质并不是由它们令人愉快或不愉快的程度构成的。这完全不是重点。重点是经验的特性是不同的。这就是称它们为感受质的意思。尽管从特性上讲，感受质确实具有愉快或不愉快的特征，但它们的定义本质是经验的质的感受。贝内特和哈克对这一点的回答在我看来也是软弱无力的。事情是这样的。他们说，如果你不把感受质定义为愉快或不愉快的问题，那么你就必须根据经验的客体对经验进行个体化。这是一支丁香的一种气味，或者这是一支玫瑰的一种气味。他们还说，根据客体来辨别经验并不是为了辨别经验的任何主观内容，因为玫瑰和丁香都是客观存在的。在我看来，这再一次没有抓住重点。当然，我们通常是根据知觉经验的原因来辨别知觉经验的特性的，也就是说，根据导致我们产生特有经验的意向性客体来辨别知觉经验的特性。但是，我们也可以在没有原因的情况下获得经验并将经验个体化。如果事实证明我闻到的玫瑰的气味和闻到的丁香的气味都是幻觉，那么这对感受质的差异完全没有任何影响。玫瑰的气味和丁香的气味的感受质是相同的，无论这两种情况下是否真的存在一个意向性客体。我们常常在不知道是什么原因引起气味的情况下辨别气味。简而言之，当我们描述感受质时，我们通常是根据它们的客体，即引起感受质的现象来描述它们的，这并不反对具有独特质的特性的感受质的存在。只要把意识经验从其意向性客体中剥离出来，就可以从意识经验的角度来定义“感受质”的概念。感受质的概念由意识经验组成，无论我们选择如何辨别它们。 116

值得指出的是，在香水工厂工作的化学家试图合成化学物质，以复制玫瑰和丁香等花卉的因果能力。他们试图生产与实际花朵产生的感受质类型相同的感受质。

贝内特和哈克的第三个论点在我看来也没有抓住重点。他们说，不同的人通常会感到相同的疼痛，或者会有相同的头痛。如果你和我都参加了一个聚会，喝了太多的酒，那么第二天我们都会有相同的头痛，或者，如果我们都患了相同的病使我们胃痛，那么我们也会有相同的疼痛。我再次认为这忽略了哲学家们试图对痛苦的“隐私”提出的观点。“隐私”可能是一个错误的隐喻，但这已经不是重点了。现在的重点是，他们所说的相同是指疼痛的型（type），而不是例（token）。当我们谈论疼痛的隐私时，我们感兴趣的并不是不同的人不能体验到相同类型的疼痛。他们当然可以。相反，他们或我所经历的例的疼痛，只是在特定的有意识主体感知到时才存在。

八、疼痛的位置

117 我说过，所有的意识状态都存在于大脑中。那么脚痛又是怎么回事呢？当然它是在脚而不是在大脑。贝内特和哈克反对我在这个问题上的观点，因为我的观点乍看之下有悖直觉，所以我想把它们说清楚。我相信，如果我们把所有事实说清楚，关于疼痛位置的问题就会有明显的答案。

第一，真实空间，也就是物理空间。真实的物理空间只有一个，其中的一切事物都与其余一切事物存在空间关系。现如今，在爱因斯坦之后，我们将空间和时间视为单一的时空连续体，而位置则是相对于坐标系来指定的。就我们的目的而言，空间在逻辑上表现良好。考虑一下“在……里”（in）的传递性。如果椅子在房间里，而房间在房子里，那么椅子就在房子里。现实世界中的所有事件都发生在物理空间和时间中。有时，事件的边界界定不清——比如大萧条或新教改革，但是，与所有其他事件一样，它们都发生在空间和时间中。

现在转向经验的现象学身体空间。假设我的脚受了伤，这引发了一连串的神经元放电，穿过我的脊柱，通过利绍尔束（tract of Lissauer），进入我的大脑疼痛中枢，结果，我感觉到脚痛。毫无疑问，这是一个正确的描述。因此，举例来说，如果医生问我哪里在疼，我会指向我的脚，而不是我的头，也就是说，要指向疼痛的位置，我会指向真实空间中我的解剖肢体。我们现在的问题是，真实的物理空间和经验的现象学身体空间之间的关系到底是什么？

要回答这个问题，我们必须要问大脑是如何创造出现象学意义上的身体空间的。大脑创造了一个身体意象，一个关于身体各部分、它们的状况以及它们之间关系的现象学意识。大脑在身体意象中创造了一个关于我的脚的意识，因此，当我感到疼痛时，就会意识到疼痛是在我的脚上。我们可以概括地说，大脑在现象学上创造了一个现象学上的真实的身体空间，并在身体空间中创造了疼痛。这些现象在现象学上的真实性是毋庸置疑的；唯一的问题是，现象学身体空间和我身体的真实物理空间之间的关系到底是什么？ *118*

当我们试图将现象学的身体空间视为与身体的真实物理空间等同时，问题就出现了。请注意，如果我们试图从现象学的空间转移到物理空间，“在……里”的传递性就不起作用了。我的脚疼，我的脚在房间里，但疼痛不在房间里。为什么不在房间里？当我们考虑幻肢痛时，关于现象学空间与物理空间关系的难题就变得更加紧迫了。这个人感到脚痛，但他没有脚。痛苦是真实的，但它在哪里？贝内特和哈克对这个问题做出了如下回答。“因此，他在脚应该在的地方（即在他的幻肢中）实际上感到疼痛。”（第 125 页）但幻肢并不是一种肢体，就像受伤的肢体或晒伤的肢体一样。幻肢并不作为物体存在于现实空间中。因此，如果我们试图从字面上把他们的说法理解为关于物理空间的，那么就会产生一个荒谬的结果，即这个人“他在脚应该在的地方感到疼痛”，也就是在床上。疼痛就在床单下面！现在，这究竟是为什么荒谬呢？因为在床和床单的物理空间里没有疼痛。痛苦只能存在于现象学的身体空间中。如果我们把这个人的说法看作是关于他现象学的身体意象，那就完全正确了。这个人的脚感到疼痛，即使他没有物理上的脚，他的身体意象中仍然有一个现象学的幻足。

但是，最关键的一点是，疼痛是现实世界中的真实事件，因此它必须在现实时空中有一个位置。它不可能在他的脚上，因为他没有脚。如果他曾经有过脚，也不可能在脚的位置，因为床单之间什么都没有。当然，它是在他的幻足中，但他的幻足并不像真正的脚那样，是一个具有空间位置的物体，是身体的 *119*

一部分。我希望显而易见的是，幻足中的幻痛在现实世界物理空间中的空间位置是在大脑中的身体意象中。在现实物理空间中，真脚的疼痛和幻足的疼痛都在大脑中，与身体意象的其他部分一起。

九、人是一个具身（embodied）大脑吗？

我现在想谈谈我之前答应要讨论的问题，即把心理活动既归因于大脑又归因于整个人的明显奇怪之处。我不同意他们的论点，即大脑不能包含心理过程，但我同意，比如说“我的大脑决定投票给民主党”，这听起来很奇怪。为什么听起来很奇怪？对于某些谓语，我们怎么可以很轻松地从讨论人转向讨论某些特征，例如人的身体？考虑以下四句话。

1. 我重 160 磅。
2. 我能从视觉上区分蓝色和紫色。
3. 我决定投票给民主党。
4. 我在伯克利拥有房产。

在第 1 句中，我们可以毫不犹豫地用“我的身体”代替“我”，也就是说，如果并且只有当我的身体重 160 磅时，我才重 160 磅。这两种说法似乎是等价的。我对第 2 句中的转换也没有任何问题。我的大脑，特别是我的视觉系统，包括眼睛，可以区分蓝色和紫色。但在我看来，我们似乎对在第 3 个句子中做出类似的转换更加犹豫不决。如果我们说我决定投民主党的票，那么说我的大脑、我的具身大脑或我身体里的大脑决定投民主党的票似乎更令人费解。我认为，在第 4 句中的相应的转换会更加奇怪。如果我说我的具身大脑在伯克利拥有房产，或者我的身体在伯克利拥有房产，这听起来显然很奇怪。贝内特和哈克拒绝接受第 2 句和第 3 句的转换。由于维特根斯坦的论证，他们将取缔“（我大脑中的）视觉系统可以在视觉上区分蓝色和紫色”和“我的大脑决定投票给民主党”。我已经给出了拒绝维特根斯坦论证的理由，但我们无论如何还是要承认，我的大脑决定投票给民主党在逻辑上听起来确实很奇怪。即使维

120

特根斯坦论证是错误的，我们也必须解决这一奇怪之处。许多神经生物学家和哲学家认为，将心理活动归因于大脑是非常自然的。

我们该如何解决这一争议呢？在我看来，在我们现在讨论的这个层面上，有一个相当简单的方法来解决这个明显的争议。每当你对这个 S 的任何陈述有替代措辞时，接近替代措辞有效性的一个初步方法就是问自己，如果 S 表达了这个 p 的命题，那么是什么使这个 p 的命题成为这样的情况呢？当我们用“我的身体重 160 磅”来替代第 1 句“我重 160 磅”时，我们不会有任何问题，因为我们知道是什么事实使我重 160 磅，也就是说，这就是我的身体重量。我不反对对第 2 句进行类似的转换，因为如果我们问是什么事实使我能够区分蓝色和紫色，那么事实就是我的视觉系统能够区分蓝色和紫色。但第 3 句和第 4 句与第 1 句和第 2 句完全不同，因为它们要求的不仅仅是一个具身大脑的存在和特征，而是这个具身大脑的社会地位和社会行动能力。就第 3 句而言，与第 4 句不同的是，我们可以将社会情境分割开来，找出纯粹的心理成分。鉴于我所处的社会和政治环境，在这种情况下，我的大脑中存在着某些活动，这些活动构成了我决定投票给民主党的原因。同样的犹豫使我们不愿意将任何东西归因于大脑，而具身的人必须处于社会地位，也使我们不愿意将任何形式的行动或代理归因于大脑。因此，尽管在我的大脑中存在着某些活动，构成了我决定为民主党投票，但我们比起将感知能力归因于大脑来说，更不愿意将这种理性决策归因于大脑。说“我的视觉系统可以分辨红色和紫色”没有任何问题，但说“我的丘脑皮质系统决定投票给民主党”就勉强多了。在第 4 例中，“我在伯克利拥有房产”，我们似乎没有任何东西可以从中剥离出来并归因于解剖学。只有根据我的社会处境和我所处的关系，我才能成为财产所有人。财产所有人确实是一个具身的大脑，但只有在社会和法律方面，具身的大脑才能成为财产所有人，因此不可能做出任何解剖学或生理学上的归因，而这些归因是事实相关部分的构成要素。

121

这些都是有趣的哲学观点，但我认为神经生物学家完全可以回避这些观点。与其担心他们应该在多大程度上把理性能动性作为神经解剖学的一个特征，不如继续研究第二点，即构成有意识的理性能动性的心理过程在大脑中进行，并且可以作为心理过程进行研究，这只是一个事实。出于神经生物学研究的目的，大脑作为因果机制和解剖位置就足够了。

我在其他著作中讨论过一些哲学观点，作为自我问题的一部分。[3]为什么我们需要假定一个自我，作为我们的经验序列及其解剖实现之外的东西呢？不是因为有一些额外的超解剖学或一些额外的超体验。只有具身大脑和在该大脑中发生的经验。尽管如此，正如我所论证的，我们确实需要假设一个自我，但这只是一种纯粹形式上的假设。它不是一个额外的实体。它是大脑及其经验的一种组织原则。

十、哲学的本质

122 在该书的第二个附录中，贝内特和哈克批评了我的观点，包括我对心灵哲学问题的论述和我对哲学的一般方法。他们认为我在哲学概念的几个方面是错误的。根据我的经验，关于哲学本质的争论往往是徒劳的，通常只是表达了对不同研究项目的偏好。我是在 20 世纪 50 年代的牛津大学接受哲学教育的，当时我既是学生又是教员，盛行的正统观点是，哲学是关于语言和文字的使用的。如果有人说哲学完全是关于语言的，在我看来，这表达了一种偏好。这大致相当于："我更喜欢关于语言的哲学工作，我打算只从事关于语言的哲学工作。"我发现，我在语言上使用的技术对其他现象也有效，特别是心理现象和社会本体论。因此，我使用的方法是分析哲学方法的延续，但却远远超出了我从小接受的语言哲学和语言学哲学的原有领域。

我的方法和他们的方法之间的一个本质分歧是，他们坚持哲学不能是理论性的，哲学不提供一般的理论说明。我们都同意在某种意义上哲学本质上是概念性的，但问题是，概念分析的性质是什么，结果是什么？根据我自己的经验，我可以说，概念性结果只有作为一般理论的一部分才有意义。因此，如果我回顾一下自己的思想史，我已经提出了关于言语行为和意义的一般理论、关于意向性的一般理论、关于理性的一般理论，以及关于社会本质和社会本体论的一般理论。如果有人说："嗯，哲学中不能有理论。"我的回答是："看着吧。这里有一些一般理论。"例如，当纳入语言和言语行为的一般理论时，有 123 前途的哲学分析就会变得更加有力。当对行动和感知的哲学分析被纳入意向性的一般理论时，它们就会变得更加深刻，并以此类推到其他情况。

一方面，他们错误地表述了我对哲学与科学关系的看法。我的主张并不是说所有的哲学问题都可以通过仔细的概念分析成为科学问题。相反，我认为只有少数哲学问题可以在自然科学中得到解决。生命问题是其中之一，我希望所谓的心身问题会成为另一个问题。但大多数令伟大的希腊哲学家们忧心忡忡的问题，例如，美好生活的本质、公正社会的形式或最佳社会组织的类型，我认为都不是自然科学能够以任何明显的方式加以解决的问题。因此，如果他们认为我认为所有哲学问题最终都能成为科学问题，并得到科学的解决，那就是一种误解了。这种情况是例外的。

再说一次，我也没有发现可以像他们所声称的那样，对经验问题和概念问题做出真正明确、精确的区分，因此我也没有对科学问题和哲学问题做出明确的区分。让我举一个例子来解释科学发现是如何帮助我的哲学工作的。当我举起手臂时，我有意识的行动意图会引起我身体的物理运动。但这种运动也有一定程度的描述，它是由一系列神经元放电和运动神经元轴突终板分泌的乙酰胆碱引起的。在这些事实的基础上，我可以进行哲学分析，说明同一个事件必须既是定性的、主观的、有意识的事件，又具有大量的化学和电学特性。但哲学分析到此为止。我现在需要知道它在管道中究竟是如何工作的。我需要确切地知道大脑是如何引起和实现有意识的行动意图的，这种意图结合了现象学和电化学的结构，能够移动物理物体。为此，我需要神经生物学的研究成果。 124

贝内特和哈克写了一本重要的，在许多方面都很有用的书。他们做了大量的工作。我不希望我的反对意见掩盖了这本书的优点。然而，我认为他们对神经生物学和心灵的看法是大错特错的，而且可能是有害的。我们在哲学和神经科学中需要提出的许多关键问题都会被他们的方法所取缔。例如，什么是“NCCs”（意识的神经元相关性），它们究竟是如何引起意识的？我有意识的行动意图如何移动我的身体？事实上，如果他们的提议被接受，神经生物学研究中的大量核心问题将被认为毫无意义或不连贯而被拒斥。例如，视觉领域的核心问题是：“从光子攻击感光细胞开始，通过视觉皮层进入前额叶的神经生物学过程是如何导致有意识的视觉经验的？”任何接受他们概念的人都无法研究这个问题。这是一种情况，就像强人工智能一样，错误的哲学理论可能会带来灾难性的科学后果，这就是为什么我认为回答他们的主张很重要。

注释

我感谢 Romelia Drager、Jennifer Hudin 和 Dagmar Searle 对本文早期草稿的评论。

1. 例如, John R. Searle, *The Rediscovery of the Mind* (Cambridge: MIT Press, 1992)。

2. 关于这一主张的可能反证, 见 Christof Koch 关于 "the Halle Berry Neuron" 的讨论, 例如, *New York Times*, July 5, 2005。

3. John R. Searle, *Rationality in Action* (Cambridge: MIT Press, 2001).

答复反驳

认知神经科学的概念预设

对批评的回应

麦克斯韦·贝内特、彼得·哈克

一、概念阐释

在《神经科学的哲学基础》[1]一书中，我们旨在以哲学可以协助科学的唯一方式为神经科学研究作贡献——不是通过为科学家提供实证理论来代替他们自己的理论，而是通过澄清他们所援引的概念结构。我们中的每一个人毕生都在构建关于神经元功能的实证理论。但是，这些涉及神经科学基础的努力并没有提供其概念基础的任何一部分。我们对感觉、知觉、知识、记忆、思维、想象、情感、意识和自我意识的系统阐释并非理论。[2]它们的目的是澄清认知神经科学家在他们的实证理论中使用的心理学概念。我们给出的概念澄清展现了当前神经科学理论中的许多不连贯之处。它们展示了为什么会犯这些错误以及如何避免这些错误。

127

128

认知神经科学是一种实验研究，旨在发现有关人类能力的神经基础以及伴随其运动的神经过程的经验真理。真理的先决条件是意义。如果一种语言形式毫无意义，那么它就不会表达真理。如果它不表达真理，那么它就无法解释任何事物。对神经科学概念基础的哲学研究旨在揭示和澄清概念真理，这些真理是认知神经科学发现和理论的有力描述的前提，也是其意义的条件。[3]如果进行得当，它将阐明神经科学实验及其描述，以及可以从中得出的推论。在《神经科学的哲学基础》一书中，我们描绘了由一系列心理学概念所构成的概念网络。这些概念是在认知神经科学研究人类认知、思维、情感和意志力的神经基础上所预设的。如果在使用这些概念时不遵守蕴涵、排除、相容和假定等逻辑关系，就很可能得出无效的推论，有效的推论很可能被忽略，无意义的词语组合很可能被当作有意义的词语。

一些哲学家，尤其是美国的哲学家，深受奎因的逻辑和语言哲学的影响。根据奎因的哲学，经验真理与概念真理之间并无显著区别。[4]因此，从理论的角度来看，奎因主义者会认为，例如，"记忆是知识的保留"这句话与"记忆取决于海马体和新皮质的正常功能"这句话之间并无本质区别，但这是错误的。前者表达了一种概念真理，后者则是一种科学发现。根据奎因的观点，理论的句子作为一个整体面对经验，并从整体上得到证实。但是，如果认为动物学理

129 论的成功证实了"雌狐狸是雌性的"，或者认为婚姻习惯社会学证实了"单身汉是未婚的"，那就大错特错了。同样，"红色比粉色深"或"红色更像橙色而不像黄色"也不是通过色彩理论证实的，而是以色彩理论为前提的。如果认为微分学定理是通过牛顿力学的成功预测而得到全面证实的，并可能因其失败和被否定而被削弱，那就大错特错了。它们是由数学证明所证实的。非经验命题，无论是逻辑命题、数学命题，还是直接的概念真理，都不能被实证发现或实证理论所证实或削弱。[5]概念真理描绘了事实所在的逻辑空间。他们决定了什么是有意义的。因此事实既不能证实也不能与之相抵触。[6]

概念命题归因于内在属性或关系，经验命题归因于外在属性或关系。概念真理部分地构成了其组成表达的意义，而经验命题则是对事物现状的描述。概念真理是以事实陈述为幌子的对描述规范的隐含陈述。正因为这些陈述部分地构成了其组成表达式的意义，所以不承认概念真理（例如，红色比粉色深）就是不理解其组成表达式中的一个或另一个的标准。

这种概念真理的规范性概念显然并不特别关注康德（Kant）、博尔扎诺（Blozano）、弗雷格（Frege）和卡纳普（Carnap）等人所熟悉的各种不同的分析性概念下的所谓分析命题。事实上，各种分析/综合的区别被简单地绕开了。取而代之的是，我们区分了度量的陈述和测量的陈述。如果认为我们在概念与

130 经验之间所作的区分是认识的，那就完全令人费解了。[7]这种区分不是根据我们如何认识各自的真理而做出的。它是根据有关命题的作用而得出的：无论它是

规范性的（和构成性的）还是描述性的。需要强调的是，这两种情况是这一种还是那一种，都是句子使用的特征，而不是（或不一定是）句子类型的特征。在某一语境中用来表达概念真理的句子，在另一语境中往往可能被用作事实陈述——这在牛顿力学中是专利。在许多语境中，如果不做进一步的探究，可能就不清楚一个句子在使用中到底要扮演什么角色。事实上，在科学中，归纳证据和构成证据（逻辑标准）波动是很典型的。但有一点是明确的：把一个句子定性为表达概念真理，就是把它的独特功能单单说成是对度量的陈述，而不是对测量的陈述。因此，与先验/后验的区别不同，这种区别不是认识论的，而是逻辑或逻辑语法的。

二、两种范式：亚里士多德和笛卡尔

关于人性、肉体和灵魂的哲学反思可以追溯到哲学诞生之初。柏拉图和亚里士多德提出了在其之间波动的两极。根据柏拉图和奥古斯丁的柏拉图—基督教传统，人类不是一个统一的实体，而是两种不同实体的组合，即必死的身体和不朽的灵魂。根据亚里士多德的说法，人类是一个统一的实体，灵魂（psuche）是身体的形式。描述这种形式就是描述人类特有的力量，尤其是理性灵魂特有的智力和意志力。关于这一主题的现代辩论始于柏拉图—奥古斯丁传统的继承者，即笛卡尔的观念，即人是两个单面的东西，一个是心灵，一个是身体。他们的互为因果相互作用被用来解释人类的经验和行为。

131

20 世纪前两代神经科学家中最伟大的人物，如谢灵顿、埃克尔斯和彭菲尔德，都是公认的笛卡尔二元论者。第三代神经科学家保留了基本的笛卡尔结构，但将其转变为脑体二元论：放弃了物质二元论，保留了结构二元论。因为神经科学家现在将与笛卡尔归因于心灵的一系列心理谓词归因于大脑，并以与笛卡尔非常相似的方式构想思想与行动、经验与其客体之间的关系——本质上只是用大脑取代了心灵。我们这本书的中心主题是证明大脑/身体二元论的不连贯性，并揭示其被误导的隐蔽的笛卡尔特征。我们的建设性目标是要表明，有必要采用亚里士多德式的解释，适当强调第一和第二顺序的主动和被动能力及其行为表现模式，并辅之以维特根斯坦式的洞察力，以补充亚里士多德式的解释，从而使我们的概念方案结构更加合理，并为后谢灵顿认知神经科学的重大发现提供连贯的描述。[8]

三、亚里士多德原理与分体论谬误

在《神经科学的哲学基础》一书中，我们发现了一个普遍存在的错误，我们称之为“神经科学中的分体论谬误”。[9]纠正这个错误是我们这本书的一个主题（但只是一个主题）。公元前30年左右，亚里士多德就指出了这种错误的一种形式。他说：“说灵魂［psuche］是愤怒的，就好像说灵魂在编织或建造的一样。因为最好不要说灵魂怜悯、学习或思考，而是说一个人用他的灵魂做这些。”（DA 408^{b}12－15）——用某人的灵魂做事就像用某人的才能做事一样。把只应归因于动物整体的属性归因于动物的灵魂是错误的。我们可以称之为“亚里士多德原理”。

132

我们主要担心的是它的神经科学表亲，即错误地将只能归因于动物整体的属性归因于大脑——动物的一部分。我们并不是第一个注意到这一点的人——安东尼·肯尼（Anthony Kenny）在其1971年的精彩论文《微型人谬误》（*The Homunculus Fallacy*）中指出了这一点。[10]这个错误比它的亚里士多德祖先更适合分体论，因为大脑确实是有知觉的动物的一部分，而与柏拉图和笛卡尔的主张相反，灵魂或心灵并非如此。按照亚里士多德的精神，我们现在可以观察到，说大脑是愤怒的，就好比说大脑在编织或建造。因为最好不要说大脑怜悯、学习或思考，而是说人做了这些。[11]因此，我们否认说大脑有意识，有感觉、感知、思考、知道或想要什么是有意义的——因为这些是动物的属性，而不是它们大脑的属性。

我们有些惊讶地发现，丹尼特教授认为他在1969年的《内容与意识》（*Content and Consciousness*）一书中对解释的个体层面和亚个体层面的区分正是我们所想的。他在书中正确地指出，疼痛并不是大脑的一种属性。但他的理由是，疼痛是“非机械的”“心理现象”，而大脑过程“本质上是机械的”。[12]我们在整体属性和部分属性之间所作的对比，并不是非机械和机械之间的对比。是座钟作为一个整体在计时，而不是它的芝麻链或大齿轮——尽管走时的过程完全是机械的。飞行的是飞机，而不是它的发动机——尽管飞行的过程完全是机械的。此外，诸如“疼痛”“瘙痒”“发痒”之类的感觉动词确实适用于动物的各个部位，动物的腿可能会疼，头可能会痒，侧腹可能会痒（PFN 73）。*133* 正如丹尼特教授所说，这些属性是“非机械的”，然而，它们可以归因于动物的各个部分。因此，我们提出的分体论观点与丹尼特教授对解释的个体层面和亚个体层面的区分大相径庭，而且适用于动物，也与他对“机械”和非机械的区分有很大的不同。[13]

四、分体论谬误真的是分体论的吗？

塞尔教授反对说，我们所说的分体论谬误的范式，即把心理属性归因于大脑，并不是这样的，因为大脑不是人的一部分，而是人身体的一部分。（第107页）我们认为这是为了分散注意力而提出的不相干论点。我们引用维特根斯坦的论断：“只有对于活生生的人和类似于（表现得像）活生生的人的东西，你才能说：他有感觉；他能看，或是盲的；能听，或是聋的；有意识或丧失意识。”[14]大脑是人的一部分。

塞尔教授认为，如果把心理属性归于大脑真的是一种分体论谬误，那么如果把这些属性归于他所谓的大脑所属的“系统的其余部分”，这种错误就会消失。他认为，“系统的其余部分”就是一个人拥有的身体。他指出，我们不会把心理谓词归因于一个人所拥有的身体。除了感觉动词（如“我的身体到处都疼”）这一显著例外，后一点是正确的。我们不会说“我的身体感知、思考或知道”。然而，人脑所属的“系统”可以说是人。人脑是人的一部分，就像狗脑是狗的一部分一样。我的大脑——我拥有的大脑——是我的一部分——我这个活生生的人的一部分——就像我的腿和胳膊是我的一部分一样。不过，确实也可以说我的大脑是我的身体的一部分。

134 这该如何解释呢？我们谈论我们的心灵，很大程度上是非代理性的、惯用地谈论我们理智和意志的理性力量，以及它们的行使。我们谈论我们的身体就是谈论我们的物质属性。谈论我的身体，就是谈论我这个人的肉体特征——与外貌有关的特征（迷人的或难看的身体），与人的表面有关的特征（他的身体

被蚊子叮满，全身被撕裂，被涂成蓝色)，与健康和体质有关的特征（生病的或健康的身体)，以及与非常引人注目的感觉有关的特征（我的身体可能会全身疼痛，就像我的腿可能会疼，我的背可能会痒)。[15]但是，知道、感知、思考、想象等并不是人的肉体特征，不能归因于人的身体，就像不能归因于人的大脑一样。人不是他们的身体。尽管他们是身体，在作为一种特殊的有知觉力的时空连续体——智人——的截然不同的意义上是身体，大脑是活生生的人的一部分，四肢也是如此。[16]然而，它并不是一个有意识、能思考、能感知的部分——人的任何其他部分也不是。因为这些都是人作为一个整体的属性。

尽管如此，塞尔教授注意到了我们的肉体习语的一个有趣的特征。人类是人，也就是说，人是有智慧、会使用语言的动物，人有自我意识，知道善恶，对自己的行为负责，是权利和义务的承担者。粗略地说，成为一个人，就是拥有符合道德主体地位的能力。我们可能不会说大脑是人的一部分，而是说大脑是人身体的一部分，而我们会毫不犹豫地说，杰克的大脑是杰克的一部分，是这个人的一部分，就像他的腿和胳膊是杰克的一部分一样。为什么？也许是因为“人”，正如洛克（Locke）所强调的，是“一个法医术语”，而不是一个物质名称。因此，如果我们在这样的语境中使用“人”这个词，我们就表明，135 我们主要关注的是人类，是那些使他们成为人的特征的拥有者，而相对地忽略了肉体特征。也许下面的类比会有所帮助：伦敦是英国的一部分；英国属于欧盟，但伦敦不属于欧盟。① 这并不妨碍伦敦成为英国的一部分。同样，杰克作为一个人并不妨碍他的大脑是他的一部分。

五、原理的理论基础

为什么要接受亚里士多德的原理及其神经科学继承者？我们为什么要阻止神经科学家将意识、知识、知觉等归于大脑？

意识。有意识或无意识的都是动物，它们可能会对引起自己注意的事物产生意识。是学生，而不是他的大脑，清醒并意识到讲师在讲什么；是讲师，而

① 本书成于2003年，当时英国属于欧盟。——译者注

不是他的大脑，意识到学生在偷偷打哈欠时感到无聊。大脑不是一个意识器官。人用眼睛看，用耳朵听，但人并不用大脑有意识，就像人用大脑走路一样。

动物可能有意识而不表现出来。只有在这个意义上，我们才能和塞尔教授一样说“意识的存在与行为无关”（第 104 页）。但是，意识的概念与将意识归于动物的行为基础密切相关。动物不一定要表现出这种行为才能成为有意识的。但只有可以理解地归因于这种行为的动物才可以说是有意识的，无论是真还是假。把意识或思想归于一把椅子或一只牡蛎是毫无意义的，因为不存在一把椅子或一只牡蛎睡着后又醒来，或失去知觉后又恢复的情况；也不存在一把椅子或一只牡蛎那样深思熟虑或不假思索地行为的东西。[17]“本体论问题”（如塞尔教授所说）——真理问题（我们更愿意这样说）——以意义问题的先行决定为前提。对意识归因的行为基础（即什么算作意识的表现）达成一致，是对意识的神经条件进行科学研究的先决条件。否则，人们甚至无法确定自己想要研究什么。将意义问题与真理问题区分开来，并不是要混淆“用词规则与本体论”，正如塞尔教授所言（第 105 页）——恰恰相反，这是为了区分它们。[18] 136

塞尔教授坚持认为意识是大脑的属性。谢灵顿、埃克尔斯和彭菲尔德都是笛卡尔主义者，他们错误地认为意识是心灵的属性。塞尔教授可以引用最近的哪些神经科学实验来证明它实际上是大脑的一种属性？毕竟，神经科学家们唯一能发现的就是，某些神经状态与动物的意识有很好的归纳相关性，并且是动物有意识的因果条件。但这个发现并不能说明大脑才是有意识的。那么，塞尔教授的主张是一种概念上的洞见吗？不——因为这不是意识概念的运用方式。是人类（和其他动物），而不是他们的大脑（或他们的心灵）入睡然后醒来，被打昏失去意识然后恢复意识。那么，这是不是一种语言学上的建议：即当人类的大脑所处的状态在归纳上与人类有意识密切相关时，我们就应该把他的大脑也描述成是有意识的？我们可以引入“有意识”的这种派生用法。它必然寄生于适用于整个人类的主要用法之上。然而，我们很难看到它有什么值得推荐的地方。为了描述的清晰性，它当然不是必需的，它只是为现有的神经科学解释添加了一种空洞的形式。

知识。知识包括各种能力。一种能力的特性取决于它能做什么。将一种能力归于动物的最简单的理由是，它从事的物质活动体现了它的能力。能力越复 137

杂，理由就越多样和广泛。如果动物知道某事，它就能以无知时无法做到的方式行动和响应环境；如果它这样做，它就展现了它的知识。可以说大脑是这些能力的载体，但这意味着如果没有适当的神经结构，动物就无法做到它所能做的事情。大脑中的神经结构与动物所具有的能力不同，这些结构的运作也与动物对能力的运用不同。简而言之，知者也是行者，他的认识体现在他的行动中。

我们批评 J. Z. 杨和许多神经科学家一样，认为大脑包含知识和信息，“就像知识可以记录在书本或计算机中一样”。[19]丹尼特教授反驳说，我们没有做任何事情来证明不存在知识或信息的概念，以致不能说它既可以编码在书本中，也可以编码在大脑中（第 91 页）。事实上，我们确实讨论过这个问题（PFN 152f.），但我们还是要再解释一下。

代码是寄生于语言之上的加密和信息传输约定系统。代码不是一种语言。它既没有语法，也没有词典（参见莫尔斯电码）。知识不会被编码在书中，除非它们是用代码编写的。只有存在可以执行此操作的代码时，才可以对消息进行编码。只有在编码者和预期解码者就编码惯例达成一致的情况下，才有代码。从这个意义上说，没有也不可能有神经代码。从某种意义上说，一本书包含信息，而大脑却不包含任何信息。从人类拥有信息的意义上讲，大脑不拥有任何信息。信息可以从大脑的特征中推导出来（就像从树干中推导出年代学信息一样），但这并不表明信息是在大脑中编码的（就像信息是在树干中编码一样）。

因此，就“知识”的普通意义而言，大脑中不可能记录、包含或拥有任何知识。丹尼特教授随后改变了策略，建议我们关注关于“知识”一词扩展的认知科学文献，这可能会使知识在广义上归因于大脑。他建议我们注意乔姆斯基试图解释一个扩展的知识概念，即“认知”，根据这个概念，人类甚至新生儿都能认知通用语法的原理。[20]根据乔姆斯基的观点，认知的人不能告诉别人他认知了什么，不能展示他认知的对象，当别人告诉他时，他不能认出他认知了什么，永远不会忘记他认知了什么（但也永远不会记住它），从来没有学过它，也不能教授它。除此之外，“认知”就像“知道”一样！这是否可以被誉为一个术语的可理解的扩展模式？

138

知觉：知觉能力是指通过使用感觉器官获取知识的能力。动物用眼睛来扫视、观察、凝视和观察事物。因此，它能够辨别有颜色、有独特形状和运动的事物。它的视觉敏锐性体现在它对看到的事物所做的反应上。如果不是大脑恰当部分的正常运作，它就不会有这些感知能力，也无法行使这些能力。然而，看得到的不是大脑皮层看到，而是动物。为了看得更清楚而走得更近，透过灌木丛和树篱看东西的不是大脑，而是动物。跳起来躲避看到的捕食者或冲向看到的猎物的不是大脑，而是感知动物。简而言之，感知者也是行动者。

在《意识解释》一书中，丹尼特教授将心理属性归因于大脑。他断言，大脑是有意识的，会收集信息、做出简化假设、利用辅助信息并得出结论。[21]

这恰恰犯了亚里士多德和维特根斯坦都曾警告过的谬误——我们称之为分体论。在他的美国哲学研究会的论文中，丹尼特教授承认，把完全成熟的心理学谓词归于大脑的一部分是一种谬误（第 87 页）。然而，他认为，将心理词汇从人类和其他动物（适当减弱地）扩展到计算机和大脑的部分，这在理论上是富有成效的，并且与接受将整体谓词归因于其部分的错误特征是一致的。事实上，他显然认为这两种扩展之间并无本质区别。但这是有区别的。把心理属性（无论是否被削弱）归于计算机是错误的，但并不涉及分体论谬误。把这种心理属性归于大脑或其部分是错误的，而且确实涉及分体论谬误。将大脑视为一台计算机并将这种心理属性归因于它或其组成部分是双重错误的。我们将对此进行解释。

139

诚然，我们在日常用语中确实会说计算机会记住、会搜索它们的记忆、会计算，有时，当它们花费很长时间时，我们会戏谑地说它们在思考问题。但这只是一种说话方式。它不是“记住”“计算”和“思考”等术语的字面应用。计算机是为我们实现某些功能而设计的设备。我们可以把信息储存在电脑里，就像储存在文件柜里一样。但文件柜不能记住任何东西，计算机也不能。我们使用计算机产出计算结果——就像我们过去使用计算尺或圆柱形机械计算器一样。这些结果是在没有任何人或任何事物进行字面计算的情况下得出的——这在计算尺或机械计算器的情况下是显而易见的。为了进行字面上的计算，一个人必须掌握广泛的概念，遵循必须知道的众多规则，并理解各种运算。计算机不用，也不能。

丹尼特教授表示：“这是一个经验事实……我们大脑的部分——参与的过程与猜测、决定、相信、下结论等惊人地相似。与这些个体层面的行为一样，它足以让人认为有必要扩展普通用法来覆盖它。”（第 86 页）他也认为，将

"完全成熟的信念"、决定、欲望或痛苦归因于大脑是错误的。相反,"正如一140 个年幼的孩子可以某种程度上相信她的爸爸是医生……所以……一个人的大脑的某个部分可以某种程度上相信前面几英尺有一扇开着的门"。(第87页)

这是丹纳特教授所说的"意向立场"的一部分——一种研究方法,据称有助于神经科学家解释人类能力的神经基础。他声称,采用意向立场已经完成了"卓越科学成果……提出假设进行检验,阐述理论,将令人苦恼的复杂现象分析成更容易理解的部分"(第87页)。它似乎致力这样一种观点,即大脑的某些部分"某种程度上相信",另一些部分某种程度上决定,还有一些部分某种程度上监督这些活动。据推测,所有这些都可以某种程度上解释神经科学家想要解释的内容。但如果这些待解释的词千篇一律地都是各种相信、伪期待、原始愿望和半决定论(如丹尼特所言,第88页),那么它们充其量只能算是某种程度上有意义的,大概也只能算是某种程度上真实的。如何准确地用这些前提来做出有效推论,这何止某种程度上的模糊不清。这样的前提应该如何准确地解释这些现象同样是模糊的。因为这种假定解释的逻辑是完全不清楚的。某种程度上的相信、伪相信、原始相信或半相信某种事物是否为大脑的某个部分提供了行动的理由?或者只是某种理由?——为某种行动?当被问及大脑的一部分是否如丹尼特所说是"真正的意向系统"时,他的回答是"别问"(第66页)。

认知神经科学家问的是真正的问题——他们问前额叶皮质是如何参与人类思考的,为什么会存在折返通路,海马和新皮质在人类记忆中的作用究竟是什么。告诉我们海马体某种程度上有短暂的记忆,而新皮质有更好的长期记忆,但这并不能提供任何解释。从丹尼特的解释中,神经科学中并没有出现任何经141 过证实的经验理论,因为将"某种程度上的心理属性"归因于大脑的某些部分并不能解释任何事情。我们将在讨论斯佩里和加扎尼加对大脑连合切断术的解释时再次提到这一点。它不仅不能解释,还会产生进一步的不连贯性。[23]

我们同意丹尼特教授的观点,即儿童的许多信念都是弱化意义上的信念。一个小女孩对医生概念的理解可能有缺陷,但她会正确地说"爸爸是医生",并在回答"医生在哪里"的问题时说"在那里"(指着爸爸的办公室)。因此,可以说她在某种程度上相信她的爸爸是医生。她的言语和指示行为符合相信爸爸是医生的某些正常标准(但也符合缺乏这种信念的某些标准)。但是,大脑的一部分并不存在像孩子那样断言事物，像孩子那样回答问题，或者像孩子那样指着事物。在孩子的言语和指示行为中能够表现出基本的信念的意义上，大脑的一部分无法做到这一点，就像整个大脑无法表现出完全成熟的信念一样。或者丹尼特教授能否提出一个判决性试验来证明她的前额皮质某种程度上相信猫在沙发下面？

孩子在非语言行为中也能表现出基本的信念。如果她看到猫跑到沙发下面，并蹒跚学步过去寻找，那么就可以说她认为猫在沙发下面。但是，大脑和大脑的各个部分是不会有行为的，它们不能蹒跚学步走到沙发前，不能看沙发下面，也不能在没有猫的情况下露出不解的表情。大脑既不能自愿行动，也不能采取行动。与孩子不同，大脑部分不能满足相信某事的任何标准，即使是在基本的意义上。大脑（及其各部分）只能在“某种程度上相信”，它们是“某种程度上的海洋”（因为有脑电波）和“某种程度上的天气系统”（因为有脑暴）的意义上的相信。大脑和海洋之间的相似性至少与大脑过程与人类的信念、决定或猜测的相似性一样大。毕竟，大脑和海洋都是灰色的，表面都有皱纹，都有水流通过。

六、心理属性的位置

大脑是否是心理属性的可能主体的问题不同于大脑是否是那些心理属性的所在，而这些心理属性是可以被合理地分配给肉体位置的。（PFN 122f. 179f.）我们否认大脑可以成为心理属性的主体的理由并不能说明大脑不是这些属性的所在地，这些属性被分配到肉体位置上是有意义的。我们的观点是，疼痛和瘙痒等感觉是可以被指定一个位置的。疼痛的位置是疼痛者指向的地方，是它缓解疼痛的肢体，在它描述为受伤的身体部位——正是这些形式的疼痛行为为疼痛的位置提供了标准。与此相反，思考、相信、决定和想要等行为却不能被指定一个躯体位置。“他从哪里获得这种奇怪的信念？”“她是在哪里决定结婚的？”的答案永远不会是“当然是在前额叶”。人类在哪里想到某件事情、获得某种信念、做出某个决定、生气或感到惊讶的标准当然涉及行为，但不涉及身体位置指示的行为。一个人思考、回忆、看到、决定、生气或惊讶的位置是 *142*

他思考等时所在的位置，等等。[24]他的大脑的哪个部分参与了他的这些行为，这是神经科学家们正在逐渐了解的一个进一步的重要问题。但他们并不是在了解思考、回忆或决定发生在哪里，而是在发现大脑皮层的哪些部分与人类的思考、回忆和决定有因果关系。

当然，正如塞尔教授正确所说的那样（第 110 页），思考某事、决定做某事、看到某事都是真实的事件——它们真实地发生在世界上的某个地方、某个时间。我在图书馆里想好了这个论点，然后在书房里决定如何措辞；我在街上看到了杰克，我在音乐厅里聆听了吉尔的独奏会。塞尔教授提出，“心理事件在哪里发生?”这个问题在哲学上的困惑程度不亚于“消化过程在哪里发生?”因此，他认为，消化过程发生在胃里，而意识发生在大脑里。这是错的。与无意识相对的有意识，与没有注意到或没有注意到某件事相对的有意识，根本不是在大脑中发生的。当然，它们的发生是由于大脑中的某些事件，没有这些事件，人就不会恢复意识或注意力被吸引。“你是在哪里意识到钟声的?”要回答这个问题，就要具体说明当钟声吸引我的注意力时我在哪里，就像“你是在哪里恢复意识的?”要回答这个问题，就要具体说明当我清醒过来时我在哪里一样。

143

消化和思考都是基于动物的。但这并不意味着它们之间不存在逻辑差异。胃可以说是消化食物的器官，但大脑却不能说是思考的器官。胃是消化器官，但大脑却不像运动器官那样是思考的器官。[25]如果打开胃，就能看到食物的消化过程。但如果想看到思考的过程，就应该去看《思想者》（*Le Penseur*）（或外科医生的手术、棋手的比赛或辩论者的辩论），而不是他的大脑。他的大脑所能显示的只是他在思考时那里发生了什么；功能磁共振成像扫描仪所能显示的只是当扫描仪中的病人在思考时，他大脑的哪些部位比其他部位代谢出更多的氧气。[26]（我们将长度、强度和有裂缝归因于钢梁，但这并不意味着长度和强度具有相同的逻辑特征；人们可以问裂缝在哪里，但不能问强度在哪里）。

因此，疼痛等感觉是位于我们的身体中。但塞尔教授认为它们都在大脑中。尽管，他声称，大脑创造了一个身体意象，而我们描述为脚上的疼痛，并通过揉搓脚来缓解疼痛，是对我的脚上的疼痛的一种意识，而这种意识存在于大脑中的身体意象中。有趣的是，笛卡尔也持非常类似的观点。他说：“灵魂之所以感觉到手上的疼痛，不是因为它存在于手上，而是因为它存在于大脑

144

中。”[27]塞尔教授认为，他的说法的优势在于，这意味着我们可以描述幻痛现象，而不必荒谬地认为疼痛存在于物理空间中，存在于床上或床单下面。但他认为，这种荒谬正是我们声称疼痛存在于身体中的原因。我们同意这种荒谬，但否认我们致力于此。

“在……里”有很多方位用法，有些是空间的，有些是非空间的（“在故事里”“在十月里”“在委员会里”）。在空间用法中，有许多不同的种类，取决于什么在什么里面（PFN 123f.）。我们同意塞尔教授的观点，如果我的外套口袋里有一枚硬币，而我的外套在梳妆台里，那么梳妆台里就有硬币。但并不是所有“在……里”的空间定位用法都是及物的。如果我的夹克衫上有一个洞，而夹克衫在衣柜里，那么衣柜里就不会有洞。在夹克和硬币的情况下，我们关注的是两个独立物体之间的空间关系，但在夹克和洞的情况下，我们关注的不是空间关系。同样，如果我的衬衫上有一道折痕，而我的衬衫在手提箱里，这并不意味着手提箱里有一道折痕。硬币可以从夹克口袋里拿出来，衬衫可以从手提箱里拿出来，但洞不能从口袋里拿出来——它必须被缝起来，就像折痕必须被熨平，而不是被拿出来一样。

145

在感觉的位置上使用“在……里”这个词并不像硬币，而更像孔洞（尽管仍然不同）。疼痛不是一种物质。如果我的脚痛，我并没有与疼痛发生任何关系——相反，我的脚在那里痛，我可以指向痛的地方，我们称之为“痛的位置”。在幻肢的情况下，患者感觉就像他仍然拥有被截肢的肢体一样，他承认在虚幻的肢体上有疼痛感。在他看来，他的腿好像在痛，尽管他没有腿。我们同意塞尔教授的观点，即痛苦的不是床，也不是被截肢者在床单下感到疼痛。他感到疼痛的地方本来是他的腿，而他的腿本来是在床单下，这并不意味着床单下有疼痛，就像他未截肢的腿有疼痛而他的腿在靴子里意味着他的靴子里有疼痛一样。事实上，我们同意塞尔教授关于这种现象的观点，只是不同意它的描述。截肢者的疼痛是真实的，但其感觉位置是虚幻的（他的腿不痛，因为他没有腿）并不能表明当一个没有截肢的人感到腿部疼痛时，它的感觉位置也是虚幻的。疼的确实是他的腿！我们并不认为大脑中存在身体意象，也不知道有什么证据可以证明它们的存在——毕竟，如果打开人的大脑，是找不到身体意象的。显然，塞尔教授所指的是，从谢灵顿开始，人们已经用生理学方法证实，躯体感觉皮层中的神经元可以与身体表面上受到刺激的点以及四肢和躯干肌肉的空间布局以一对一的地形关系被激发。但是，塞尔教授所说的“在大脑中的身体意象中的现象学幻足上感到疼痛”（第118—119页）是什么意思却完全不清楚。一个人的头部可能会疼痛，通常被称为头痛。但一个人的大脑不能有背痛、胃痛或任何其他疼痛。这绝非巧合，因为除了硬脑膜之外，那里没有纤维末梢。

最后，塞尔教授声称，当哲学家说两个人都有同样的痛苦时，他们的意思是他们有同样型的痛苦，但有不同的例痛苦。（第116页）“他们或我所经历的例的疼痛，只是在特定的有意识主体感知到时才存在。”（第116页）这是错的。首先，疼痛并不是由疼痛者感知到的。有疼痛并不是感知到疼痛。“我腿上有疼痛”并不比同等的句子“我腿疼”更能描述我与“疼痛”这一客体之间的关系。其次，皮尔士（Peirce）的型/例区分适用于碑文，并且依赖于正字法惯例；它不适用于疼痛，也不适用于颜色。如果两把扶手椅都是栗色的，那么就有两把颜色相同的椅子，而不是同一型的两种例颜色。如何对不同的例进行个性化处理？显然不是根据位置——因为这只是区分两种颜色的椅子，而不是它们的颜色。我们只能说，第一个所谓的例属于第一把椅子，第二个属于第二把椅子。但是，这是以参照具有该属性的物质这一伪属性来区分属性——就好像属性是通过莱布尼兹定律来区分的物质，就好像作为给定物质的属性是区分（例如）这把椅子的颜色和那把椅子的颜色的属性。这是荒谬的。同样，如果两个人的左太阳穴头痛欲裂，那么他们的疼痛也是一样的。A的疼痛并不能因为它属于A而与B的疼痛区分开来，就像第一把椅子的栗色不能因为它属于第一把椅子而与第二把椅子的栗色区分开来一样。定性与定量特征之间的区别不适用于颜色或疼痛，皮尔士对型和例的区分也是如此。

七、语言人类学、自我人类学、隐喻及其扩展用法

丹尼特教授认为，研究词语的使用要么涉及某种形式的人类学，要么涉及某种形式的“自我人类学”。因为我们必须通过进行适当的社会调查来发现词语的用法，要求人们咨询他们对正确词语用法的直觉。或者，人们必须咨询自

己的直觉；但随后可能会发现个人的直觉与其他人的直觉有所不同。他声称，我们并没有向神经科学家群体咨询，以了解他们对心理谓词的神经科学行话的直觉（第 86 页和注 15，第 204 页），而只是咨询了我们自己的直觉。

这是一种误解。一个称职的语言使用者需要参考自己的直觉（预感、猜测），就像一个称职的数学家需要参考自己关于乘法表的直觉，或者一个称职的棋手需要参考自己关于棋子移动的直觉一样。由人类学家、历史语言学家等确定的一个经验事实是，某个给定的词汇或碑文在某个给定的语言群体中是以某种方式使用的。一个词，其意义是什么，具有它所具有的概念联系、相容性和不相容性，这并不是一个经验事实。说英语的人使用“黑色”这个词来表达它的意思，这是一个经验事实，但鉴于它的意思，即这个☞■颜色，这不是一个经验事实，命题“黑色比白色更深”“黑色更像灰色而不像白色”“没有什么东西能同时全身黑色又全身白色”都是真的。这些是概念性真理，指定了以黑色为节点的概念网络的一部分。如果不承认这些真理，就意味着没有完全掌握这个词的含义。一个称职的说话者必须掌握语言常用表达方式的用法。他不是凭直觉认为黑色是那种☞■颜色，雌狐狸是母狐狸，或者漫步就是走路。他不是凭他的预感认为男人是成年男性人类。也不是凭他的猜测认为如果现在是十点钟，就晚于九点钟，或者如果某个东西全身都是黑色，就不会全身都是白色。

虽然称职的语言使用者在他们使用的语言上是一致的，但偏离通常的用法本身并不具有哲学上的危害性。这种偏离可能只是个人习惯用法或特殊社会习惯用法的一个片段、一个术语的新扩展或将一个现有术语用于新的专业用途。*148* 这就是为什么我们写道，如果一个称职的说话者使用与用法相反的表达方式，那么：

> 很可能是他的话绝不能按照通常的意义来理解。这些有问题的表述也许是在特殊意义上使用的，实际上只是同形异义词；或者是习惯用法的类比扩展——这在科学中确实很常见；或者是在隐喻或比喻的意义上使用的。如果这些回避路线是可能的，那么指控神经科学家是分体论谬论的受害者就是毫无根据的。（PFN，第 74 页）

但是，这些回避路线是否可用并不是一件理所当然的事情。对该词的应用是否合理，也不是有关发言者是最终权威的问题。因为即使他是在引入新的用法，或者是在比喻性地使用他的词语，他是否连贯地这样做还需要观察。他是否连贯地这样做，或是在新的用法和旧的用法之间无意识地转换，从前者得出只有后者才允许的推论，都必须进行研究。这是为什么我们写了：

> 这件事的最终权威是他自己的推理。我们必须看他从自己的话中所得出的结果——正是他的推论将表明他是在新的意义上使用谓词还是误用了谓词。如果要谴责他，那也应当出自他本人之口。(PFN，第74页)

我们进而证明，许多领军的神经科学家确实会受到来自他本人之口的谴责，这正是因为他们在将心理学词汇应用于大脑时得出了推论，而这些推论只能从心理学词汇对整个动物的习惯应用中得出。(PFN，第3—8章)

149

如果神经科学家将“表征”等心理学表达或“地图”等语义表达应用于大脑，那么他要么是在习惯意义上使用这些表达，要么就不是。如果是后者，那么他的使用可能是或涉及：(1) 派生意义；(2) 旧术语的类比或其他延伸；(3) 单纯的同形异义词；或 (4) 隐喻或比喻意义。如果心理学术语按其习惯意义应用于大脑，那么所说的内容就难以理解。我们不知道大脑思考、恐惧或羞愧是什么意思。我们合格的语言使用者将这些表达方式应用于动物和人类时所依据的构成理由，即它们的言行，无法由大脑或其部分得到满足——不存在大脑或大脑的一部分进行深思熟虑的观察、因恐惧而逃跑或因羞愧而脸红这样的事情。我们不了解大脑或其各个部分如何思考、推理、恐惧或决定某事，就像我们不了解一棵树会做什么一样。如果这些术语是在一种新颖的意义上使用的，那么使用者就应该向我们解释这种意义是什么。它可能是一种派生意义，就像我们把“健康”一词用于食物或运动——这种用法需要不同于对“健康”一词用于生物的主要用途的适当解释。这可能是一种类比用法，就像当我们谈到山脚或一页时——这种类比通常是显而易见的，但很明显需要与其原型所要求的截然不同的释义解释。也可能是同形异义词，如牛顿力学中的“质量”(mass)，需要与“大量的人”或”大量的罂粟花”中的“大量”(mass) 做出完全不同的解释。

神经科学家对“表征”的使用，在很大程度上只是作为“表征”在象征和语义意义上的同形异义词。事实证明，这样做是不明智的，因为杰出的科学家和心理学家在使用这个词时，既混淆了因果关系或伴随关系的含义，也混淆了符号表征的含义。因为只有在前一种意义上，谈论大脑中的表象才是有意义的。因此，我们对大卫·马尔的批评（PFN，第70、76、143—147页）是有道理的。神经科学家对“地图”一词的使用似乎是作为映射概念的延伸而开始的，但它很快就与地图混淆了。将另一组成员可以映射到的实体集称为前者的“地图”并没有错——尽管它既没有必要也不明确。但是，但如果我们假设大脑可能以地图集读者使用地图的方式使用这张“地图”，那么就会出现不连贯。大脑或其各个部分知道、相信、思考、推断和感知事物的说法完全是模糊的。这里可能潜藏的唯一连贯的想法是，这些术语被应用于大脑，以表示所谓与动物的知道、相信、思考、推断和感知相对应的神经活动。但这样一来，我们就不能像克里克、斯佩里和加扎尼加那样，断言大脑中正在思考的部分会把自己的想法传达给大脑的另一部分。因为，虽然人类的思考有内容（由“你在想什么？”这个问题的回答给出），但神经活动却不能说有任何内容。 150

有人可能会认为，神经科学家对大脑中的地图或符号描述以及大脑的认知、思考、决定、解释等的谈论都是隐喻性的。[28]有人可能会声称，这些术语实际上是探究性的隐喻，其恰当性早已在电子计算机方面得到证实，电子计算机被恰当地描述为“遵循规则”。因为计算机是“为参与‘受规则约束的复杂符号操作’而特意制造的”。事实上，人们可能会认为，这样的谈话“甚至不再是隐喻性的，因为这种谈话所依据的理论和技术背景已经十分发达了”。[29]同样，认知神经科学家在使用常用心理学词汇时，“的确是在黑暗中摸索前进；隐喻的确是常规而非例外”。但这是正常的科学进步，在某些情况下，神经科学的进步已经超越了隐喻，例如，将“类似句子的表征”和“类似地图的表征”归因于大脑。 151

这是可以质疑的。计算机不能被正确地描述为遵循规则，就像行星不能被正确地描述为遵守定律一样。行星的轨道运动是由开普勒定律描述的，但行星并不遵守定律。计算机不是为了“从事受规则约束的符号操作”而制造的，而是为了产生与规则支配下的正确符号操作相一致的结果。因为计算机不能像机械计算器那样遵循规则。一台机器可以执行符合规则的操作，前提是机器中的所有因果联系都能按设计运行，并假设该设计确保能根据所选规则生成规律性。但是，对于要构成遵循规则的事物来说，仅仅根据规则产生规律性是不够的。一个存在只有在复杂的实践活动中才能被说成是在遵守规则，这种复杂的实践活动包括实际的和潜在的活动，比如辩解，根据规则发现错误并纠正错误，批评偏离规则的行为，以及在必要时解释某个行为符合规则并教导他人什么是遵守规则。判断一个行为是否正确，是否符合规则，不是因果判断，而是逻辑判断。否则，无论我们的计算机产生什么结果，我们都必须服从。[30]

可以肯定的是，计算机工程师使用这种语言是无害的，直到他们开始从字面意义上来处理这种语言，并假定计算机真的会思考，而且比我们思考得更好、更快；计算机真的会记忆，而且与我们不同的是，计算机永远不会忘记；计算机会解释我们输入的内容，有时还会曲解，将我们所写的内容理解为与我们本意不同的意思。然后，工程师们原本无伤大雅的语言风格就不再是一种有趣的速记方式，而成为一种潜在有害的概念混淆。

152

说计算机或大脑会思考、计算、推理、推断和假设可能是隐喻性。隐喻并不解释——它们用一件事来说明另一件事。当一个隐喻变成一个死隐喻时，它就不再是隐喻了，比如“一颗破碎的心”或“一下子”。但它不能因为变成字面意思而不再是一个隐喻。如果说“行星遵守自然法则”是字面上的事实，那它又是什么呢？可以说，计算尺、机械计算器或计算机都是在计算——比喻地说。但从字面上看，它会是什么呢？如果“计算机记忆（计算、推断等）”对计算机工程师来说是完全（非比喻性）的意义，那正是因为他们把这些短语当作死的隐喻。“计算机计算”的含义不过是“计算机通过必要的电子机械过程，在不进行任何计算的情况下得出计算结果”，就像“我全心全意地爱你”的含义不过是“我真的爱你”一样。

值得注意的是，在我们所批评的案例中，神经科学家关于大脑中存在地图以及大脑将这些地图用作地图的说法绝非隐喻。科林·布莱克莫尔评论道：“神经解剖学家开始谈论大脑中的地图，认为这些地图在大脑对世界的表征和解释中发挥着重要作用，就像地图集的地图对其读者的作用一样。”[31]这显然不是隐喻，因为“地图集的地图在为读者表征世界方面发挥作用”没有任何隐喻性可言。此外，这里的“表征”显然是在符号意义上使用的，而不是在因果关联意义上使用的。J. Z. 杨断言大脑利用地图对可见事物提出假设[32]也是如此。因为利用地图来制定假设就是将地图所指示的特征作为假设的理由。丹尼特教授断言大脑“确实把它们当作地图来使用”（第205页，第20节）。而在 153 美国哲学研究会的辩论中，他断言这是一个经验问题，而不是哲学问题，“视网膜地图”是否被大脑当作地图来使用，“在它们之上定义的任何信息检索操作是否利用了我们在常规世界中利用地图时所利用的地图的特征”。但这只能是一个经验问题，前提是大脑把地图当作地图使用是有意义的。然而，要把地图当作地图使用，就必须存在地图——而大脑中没有地图；必须能够读懂地图——但大脑没有眼睛，无法阅读；必须熟悉地图的投影惯例（例如，圆柱形、圆锥形、方位角形）——但关于视野特征与“视觉”纹状皮层神经放电的映射，却没有任何投影惯例；人们必须使用地图来指导自己的行为——漫步或导航——而这并不是大脑所参与的活动。我们不能把地图与投射的可能性混为一谈。我们可以把视网膜细胞的放电映射到视觉纹状皮层细胞的放电上，但这并不表明视觉纹状皮层的视野中的存在可见地图。

最后，我们想纠正一个误解。我们的一些批评者认为，我们试图制定一项定律，禁止对语言表达进行新的扩展。丹尼特教授在美国哲学研究会的辩论中断言，鉴于我们坚持认为知识不能在大脑中编码，我们将禁止谈论遗传密码。丘奇兰德（Chruchland）教授认为，我们原则上会排除诸如牛顿关于月球在惯性轨道上运动时不断向地球坠落的说法等概念创新。这是一个误解。

我们并没有禁止任何事情——只是指出神经科学著作中出现概念不连贯的情况。我们并不是试图阻止任何人以科学上富有成效的方式扩展用法——只是试图确保这些推定的扩展不会因为未能充分说明新用法或将新用法与旧用法混用而逾越意义的界限。谈论山脚并没有什么不妥——只要我们不怀疑它是否有 154 鞋就可以了。谈论不健康的食物没有错，只要人们不想知道它什么时候会恢复健康。谈论时间的流逝没有错——只要人们不困惑（正如奥古斯丁著名的那样）如何测量时间。牛顿谈论月亮的“坠落”并没有错，但如果他想知道是什么让月亮滑落，那就错了。他所说的作用在太空中物体上的力并没有错——但如果他推测这些力量是步兵还是骑兵，就会有问题。遗传学家谈论遗传密码并没有错。但是，如果他们从遗传密码的存在中推断出只能从字面密码的存在中得出的结论，那就有问题了。因为，可以肯定的是，遗传密码并不是用密码来加密或传递语言句子的那种密码。它甚至也不是“弱化意义”上的密码，就像丈夫和妻子之间同意说孩子们听不懂的句子可能被视为密码一样。

我们关注的是认知神经科学家在具体说明其理论的解释和待解释的词时，使用普通或通俗心理学词汇（以及其他术语，如“表征”和“地图”）的情况。因为，正如我们所明确指出的，神经科学家通常试图通过参考大脑的部分的感知、认知、相信、记忆和决定来解释人类的感知、认知、相信、记忆和决定。因此，我们注意到杰出的神经科学家、心理学家和认知科学家发表的如下言论：

> J. Z. 杨：“我们可以将所有的观察视为对大脑所提出问题的答案的不断探索。来自视网膜的信号构成了传达这些答案的‘信息’。然后，大脑利用这些信息来构建一个关于存在什么的合适假说。”（*Programs of Brain*, p. 119）

155

> C. 布莱克莫尔：“大脑［有］地图，在大脑表征和解释世界的过程中起着至关重要的作用，就像地图册的地图对读者的作用一样。”（*Understanding Images in the Brain*, p. 265）

> G. 埃德尔曼：大脑“递归地将语义与音位序列联系起来，然后形成句法对应……通过将记忆中形成的规则视为概念操作的对象而产生的。”（*Bright Air*, *Brilliant Fire*, Harmondsworth: Penguin, 1994, p. 130）

> J. 弗里斯比：“大脑中一定存在对外部世界的符号化描述，这种描述是用符号铸成的，这些符号代表了视觉所能感知到的世界的各个方面。”（*Seeing*: *Illusion*, *Brain*, *and Mind*, Oxford: Oxford University Press, 1980, p. 8）

> F. 克里克：“当胼胝体被切断时，左半球只能看到视野的右半部分……两个半球都能听到别人在说什么……大脑的一半似乎几乎完全不知

道另一半看到了什么。”（*The Astonishing Hypothesis*, London：Touchstone, 1995, p. 170）

S. 泽基：“大脑获取知识、抽象和构建理想的能力。”（*Philosophical Transaction of the Royal Society B* 354 , 1999, p. 2054）

D. 马尔：“我们的大脑必须以某种方式能够表征……信息。……因此，对视觉的研究必须包括……对内部表征本质的探究，我们通过内部表征捕捉这些信息，并将其作为决策的基础……

表征是描述的正式方案……以及规定如何应用该方案的规则……[正式方案是]一套符号，以及将它们组合在一起的规则……因此，表征根本不是一个陌生的概念——我们一直都在使用表征。”（*Vision*, San Francisco：Freeman, 1980, pp. 20f）

156

这些并不是隐喻性的使用。它们并不是对术语的大胆扩展，不是为了理论目的而引入新的含义。它们只是对常用心理学（和语义学）词汇的误用——误用会导致不连贯和各种形式的没有意义——我们已经逐一指出了这一点。这并不奇怪。原则上，这与将相同词汇同样错误地应用于心灵的做法并无不同——就好像是我的心灵知道、相信、思考、感知、感到痛苦、想要和决定一样。但事实并非如此；是我，一个活生生的人，这样做。前一个错误的严重程度丝毫不亚于后一个（值得尊敬的）错误，而且在认知神经科学家中很普遍——有时存在于不利于他们设计的实验，通常存在于他们对实验结果的理论化，而且经常存在于他们参照使动物和人类认知功能成为可能的神经结构和操作来解释动物和人类的认知功能。

八、感受质

在我们关于意识的讨论中（PFN，第9—12章），我们认为通过参考经验的“质的感受”来表征心理领域是错误的（PFN，第10章）。但请塞尔教授见谅（p. 99f. ），我们并没有否认感受质的存在，理由是如果感受质真的存在，它们就会存在于大脑中。如果，实际上不可能地，心理属性都以“质的感受”为特征，那么它们仍然是人的属性，而不是大脑的属性。

157 感受质被认为是“一种经验的质的感受”（查尔默斯），[33]或者是“红色的红度或疼痛的痛度”（克里克）。[34]感受质是“在天空的蓝色或大提琴发出的声音的音调中可以找到的简单感官特质”（达马西奥）[35]，或者是“感受看、听、闻的方式，以及感受疼痛的方式”（布洛克）。[36]根据塞尔教授的说法，意识状态是“质性的，在这个意义上，任何有意识的状态……都有一种处于该状态的质的感受”[37]。内格尔认为，对于每一种意识体验，“生物体都有一种拥有它的感觉”[38]。这些不同的解释并不等同于同一事物，能否从中得出连贯的解释是值得怀疑的。

塞尔教授指出，疼痛、发痒或瘙痒都有某种质的感受。我们同意这一点——在以下意义上：我们指出（PFN，第 124 页），感觉具有现象的特质（如灼热、刺痛、啃咬、刺穿、悸动）；它们与感觉到的行为倾向（抓挠、安抚、傻笑或大笑）相关联；它们具有强度，可能增强或减弱。

然而，当谈到感知时，我们注意到，要确定“经验的质的特性”的含义是有问题的。要具体说明我们看到了什么或闻到了什么，或者在幻觉的情况下，我们似乎看到了什么或闻到了什么，就需要具体说明一个物体。视觉或嗅觉经验及其幻觉对应物是根据它们的经验或幻觉内容来区分的。看到灯柱不同于看到邮箱，闻到丁香花不同于闻到玫瑰花，相应的幻觉经验也是如此，这些经验被描述为在主体看来与真实的知觉对应物相似。[39]

可以肯定的是，玫瑰闻起来不像丁香——玫瑰闻起来和丁香闻起来是不同的。闻玫瑰与闻丁香完全不同。但是，闻玫瑰花的质的特性并不是玫瑰花的气158 味，就像闻丁香花的质的特性不是丁香花的气味一样。闻任何一种气味都可能同样令人愉悦——在这种情况下，闻气味的质的特性可能是完全一样的，尽管所闻的东西是完全不同的。我们认为，塞尔教授混淆了“气味是什么”和“闻气味是什么”这两个概念。

看到灯柱通常不会有什么感觉。如果被问及“看到灯柱是什么感觉?”，唯一的回答就是“没有什么特别的感觉——既不愉快也不难受，既不兴奋也不沉闷”。这些形容词——“愉快”“不愉快”“兴奋”“沉闷”——被正确地理解为描述“经验的质的特性”。从这个意义上说，许多知觉经验根本没有质的特性。没有东西是由他们的质的感受而个体化的——他们是由他们客体而个体化的。如果我们面对的是幻觉，那么说幻觉中的灯柱是黑色的，仍然是对经验客体的描述 用布伦塔诺（Brontano）的术语说，是对它的“意向性客体”的描述（塞尔教授也使用这种说法）。另一方面，幻觉经验的特征可能是：相当可怕。

与塞尔教授的说法相反，我们并没有争辩说“如果你不把感受质定义为愉快或不愉快的问题，那么你就必须根据经验的客体对经验进行个体化”（第115页）。我们的论点是，我们确实根据经验和幻觉的客体来区分经验和幻觉——这些客体是通过对“你的经验（或幻觉）是关于什么的经验（或幻觉）”这一问题的回答来确定的。[40]当然，客体不一定是原因，这在幻觉的情况下很明显。但是，我们坚持认为，经验的质的特性不应与经验客体的特征相混淆。当人们看到一个红苹果时，所看到的是红色和圆形的，这并不意味着他有一个红色、圆形的视觉经验。当人们幻觉到一个红苹果时，似乎看到的是红色和圆形的，这并不意味着他有一个红色、圆形的视觉幻觉。“你看到了什么（或产生了什么幻觉）?”这是一个问题，“看到你所看到的东西（或产生你所产生的幻觉）是什么感觉?”这是另一个问题。我们不能根据知觉经验的质的特性来区分知觉经验。这些都是简单的道理，但似乎被忽略了。

159

九、置于头骨中的大脑

塞尔教授认为人类是“具身大脑”（pp. 120f.）。根据他的观点，我们之所以既可以说“我重160磅”，也可以说“我的身体重160磅”，是因为我之所以有160磅重，是因为我的身体有160磅重。但严格说来，我似乎不过是一个具身的（置于头骨中的）大脑。我拥有一个身体，我就在我身体的头骨里。这是笛卡尔主义的唯物主义版本。我们写这本书的一个主要原因是，我们坚信当代的神经科学家和许多哲学家仍然站在笛卡尔漫长而黑暗的阴影中。因为他们在拒绝接受笛卡尔心灵的非物质实体的同时，却把笛卡尔心灵的属性转移到了人脑上，使笛卡尔心身关系的概念的整个错误结构原封不动地保留了下来。

我们所主张的是，神经科学家，甚至是哲学家，离开笛卡尔的阴影之地，去寻找亚里士多德的阳光，在那里人们可以看得更清楚。

如果我是，实际上不可能地，一个具身的大脑，那么我就会有一个身体——就像笛卡尔的具身心灵有一个身体一样。但我不会拥有大脑，因为大脑没有大脑。事实上，我的身体不会重达 160 磅，而是 160 磅减去 3 磅——严格来说，这才是我的体重。我也不会有 6 英尺高，而只有 7 英寸高。毫无疑问，塞尔教授会向我保证，我就是我的具身大脑——我的大脑和我的身体。但这并不能让我们回到正轨。因为我的大脑连同我的无脑身体，从一个角度看，只是 *160* 我的尸体；从另一个角度看，它只是我的身体。但我不是我的身体，不是我拥有的身体。当然，我是一具身体——站在你们面前的活生生的人，是一种特殊的有知觉的时空连续体，拥有理智和意志，因此是一个人。但我既不是我的身体，也不是我的大脑。认为人是“具身”的想法完全是错误的——这种观念属于柏拉图、奥古斯丁和笛卡尔的传统，应该予以摒弃。好得多的说法是像亚里士多德那样说，人是被赋予灵魂的生物（empsuchos）——被赋予这种能力的动物，在其自然的生命形式中，被赋予了人的地位。

十、神经科学研究

批评我们的人认为，我们的研究与神经科学无关，或者更糟糕的是，如果遵循我们的建议将会产生明确的危害。丹尼特教授认为，我们拒绝将心理属性（即使是在减弱的意义上）归属于动物整体之外的任何东西，是一种倒退和不科学的做法。他认为，这与他所倡导的“意向立场”的科学益处形成鲜明对比。在他看来，“意向立场所赋予的诗意许可减轻了”解释各部分功能如何影响动物行为的任务(第 89 页)。

我们首先要注意的是，诗意的许可是为了诗歌的用途而授予诗人的，而不是为了经验的精确性和解释力的用途。其次，将认知能力归因于大脑的各个部分只能提供一种解释的假象，而解释仍然是缺失的。因此，它实际上阻碍了科学的进步。斯佩里和加扎尼加声称，在大脑连合切断术的病例中，受试者在实验条件下接触图像物体的怪异行为可以用大脑的一个半球不知道另一半大脑能看到什么来解释。据称，大脑的两个半球都知道事情并能解释事情，而由于胼胝体被切断，右半球据称无法向左半球传达它所看到的东西。因此左半球必须产生自己的解释左手为什么正在做它在做的事情。[41]这非但不能解释这些现象，反而用误导性的术语重新描述了这些现象，掩盖了没有任何实质性解释的事实。胼胝体的切断和功能在两个半球的定位确实可以部分解释通常相关联的功能的分离。这一点现已众所周知，但目前可用的解释没有进一步的说明。如果认为把知识、感知和语言理解（“某种意义上的”或其他）归于大脑半球会增加任何东西，那都是一种错觉。

161

塞尔教授声称，如果我们对所采用的概念结构的解释是正确的，那么神经生物学研究中的核心问题将被视为毫无意义而被拒斥。因此，他认为，“视觉领域的核心问题，即神经生物学过程如何……导致有意识的视觉体验，任何接受［我们的］概念的人都无法研究”。我们的概念，他断言“可能会带来灾难性的科学后果”（第 124 页）。

视觉神经生物学研究是指对动物能够看见的因果关系所必需的神经结构以及动物视觉所涉及的具体过程的研究。我们否认视觉经验发生在大脑中，或否认视觉经验以感受质为特征，但这只会影响这一神经科学研究计划，因为它避免了那些没有答案的徒劳无益的问题。我们举了很多例子，例如：绑定问题（克里克、坎德尔和沃维尔兹），或者通过模板与图像的匹配来解释识别（马尔），或者认为知觉是大脑的假设，是大脑无意识推理的结论（赫尔姆霍兹、格雷戈里和布莱克莫尔）。我们的论点是动物而不是大脑看到或拥有视觉经验，而塞尔教授则认为是大脑而不是动物，这些都是概念性的主张，而不是经验性的主张。尽管如此，这个问题对所有这些都很重要，但显而易见的是，我们所说的并不妨碍对支撑视觉的神经过程进行实证研究。相反，它引导着对这些研究结果的描述走上意义的大道。

162

总的来说，我们书中对概念的批判不过是剥离了神经科学研究中层层混淆的概念，澄清了其预设的概念形式。这不能阻碍神经科学的进步。事实上，它应该通过排除无意义的问题、预防设想错误的实验、减少误解的实验结果来促进神经科学的进步。[42]

注释

1. M. R. Bennett and P. M. S. Hacker, *Philosophical Foundations of Neuroscience* (Oxford: Blackwell, 2003)；引用此书的页面将标记为 PFN。

2. 塞尔教授断言，概念结果只有作为一般理论的一部分才有意义。(第 122 页) 如果他所说的“一般理论”是指对概念网络的整体描述，而不仅仅是零碎的结果，我们表示同意。我们否认我们的一般描述是理论性的，就是否认它们在逻辑上与科学理论处于同一水平。它们是描述，而不是假设；它们不能通过实验来证实或反驳；它们不是假设—演绎，其目的既不是预测，也不是提供因果解释；它们不涉及科学意义上的理想化（如牛顿力学中的点质量概念），也不在商定的误差范围内近似于经验事实；不存在新实体的发现，也不存在为解释目的而假设实体。

3. 在他的批评中（第 79 页），他有选择地引用了我们书中的话：“概念问题先于真假问题……”(PFN 2，第 4 页)“真假问题属于科学，意义问题属于哲学。”(PFN 6，第 12 页)。它们是关于我们的表征形式的问题，而不是关于经验命题的真假问题。这些形式是由真的（和假的）科学陈述以及正确的（和不正确的）科学理论所预设的。它们决定的不是经验上的真假，而是什么有意义和无意义的。(PFN 2，第 4 页)。

同样，他也省略了对对开页的观察，即神经科学正在发现许多关于人类能力的神经基础，“但其发现丝毫不影响这样一个概念性真理，即这些能力及其行使……是人的属性，而非人的部分”(PFN 3，第 6 页)。众所周知，我们认为哲学关注的是概念真理，而概念真理决定了什么是有意义的，什么是没有意义的。

4. 保罗·丘奇兰（Paul Churchland）教授提出，作为反对我们观点的考虑因素，“自奎因以来，哲学界的大部分人都倾向于说‘不’”，对“构成意义的必然真理，它们永远无法被经验或事实所驳倒”持反对意见。“Cleansing Science,” *Inquiry* 48 (2005): 474. 我们怀疑他是否做过社会调查（难道大多数哲学家真的认为算术的真理连同它们所包含的任何经验理论都会受到经验的驳斥吗?）我们很惊讶一个哲学家竟然会认为人数是真理的一个标准。

5. 关于奎因在分析性问题上的经典批评，见 P. F. Strawson and H. P. Grice, “In Defense of a Dogma,” *Philosophical Review* 1956。关于对奎因一般立场的最新细致批评，见 H. -J. Glock, Quine and Davidson, *Language, Thought, and Reality* (Cambridge: Cambridge University Press, 2003)。关于奎因与维特根斯坦的对比，见 P. M. S. Hacker, *Wittgenstein's Place in Twentieth-Century Analytic Philosophy* (Oxford: Blackwell, 1996), Chapt. 7。

6. 可能有人认为（正如丘奇兰教授所提出的），笛卡尔关于心灵可以因果地影响身体运动的观点（根据丘奇兰教授的理解，这是一种概念性主张）可能会被动量守恒定律所驳倒。这是个错误。只有当它是有意义的时候，才有可能被驳倒（不管它是概念上的主张还是经验上的主张）；但是，在缺乏非物质实体的同一性标准的情况下，它是没有意义的。心灵是任何一种实体的观点本身是不连贯的。因此，“心灵具有因果能力”这一说法是不可理解的，更不可能通过实验观察和检验来证实或反驳。（请思考怎样的实验结果才可以证明它是真的）。

7. 蒂莫西·威廉姆森（Timothy Williamson）教授对“概念性真理”这一认识论（epistemic）概念进行了长篇抨击（“Conceptual Truth”，*Proceedings of the Aristotelian Society*, suppl. Vol. 80，2006）。他所概述的概念并不是从康德到今天许多伟大思想家所指的“概念真理”。威廉姆森教授对他自己所界定的认识论概念进行了满意的批评之后，得出了根本不存在概念真理的结论。但这是一个令人麻木的不成立的结论。因为他所证明的（充其量）只是，不存在符合他所设计的普罗克拉斯提斯式的（Procrustean）认识论之床的概念真理。

8. 我们强调的亚里士多德的反笛卡尔观点是：(1) 亚里士多德的原则（我们将在下文讨论）；(2) 亚里士多德将“灵魂”与一系列能力区分开来；(3) 能力是通过它们的行为能力来确定的；(4) 从生物的活动中可以看出它是否具有某种能力；(5) 亚里士多德认识到“灵魂”与“身体”是一回事或两回事是一个不连贯的问题。

9. 当然，严格说来这并不是谬误，但它会导致谬误——无效的推论和错误的论证。

10. A. J. P. Kenny, “The Homunculus Fallacy,” in M. Grene, ed., *Interpretations of Life and Mind* (London: Routledge, 1971). 我们更喜欢不那么生动但描述更准确的名称“分体论谬误”（以及与之相关的“分体论原理”）。我们发现，神经科学家更倾向于把假定大脑中存在微型人的谬误视为幼稚，并在下一秒就把心理属性归于大脑。

11. 当然，不是用他的大脑，即用手或眼睛做事的那种意义上的大脑，也不是用天赋做事的那种大脑。可以肯定的是，如果不是大脑的正常功能，他是做不了任何这些事情的。

12. D. Dennett, *Content and Consciousness* (London: Routledge and Kegan Paul, 1969), p. 91.

13. 我们惊讶地发现，丹尼特教授宣称他的“主要分歧点”是他不相信“当主题是人的思想和行为时，个体层面的解释是唯一的解释层面”，而且他认为将这两个层面的解释联系起来的任务“并没有超出哲学家的职责范围”。（第79页）在这一点上没有任何分歧。任何曾经服用阿司匹林来缓解头痛，或饮酒过量而变得好动、好战或情绪低落，并希望对事件发生的顺序做出解释的人，肯定都会赞同丹尼特的第一个承诺。任何关心自己的人，就像我们在整整452页的《神经科学的哲学基础》中所说的那样，致力澄清心理学和神经科学概念之间以及它们所代表的现象之间的逻辑关系的人，都赞同他的第二个承诺。

14. L. Wittgenstein, *Philosophical Investigations* (Oxford: Blackwell, 1953), §281.

15. 笛卡尔关于人的身体的概念是完全错误的。笛卡尔认为他的身体是没有感觉的机器——没有感觉的物质。但是，我们对身体的实际概念却把感觉动词赋予了我们的身体——是我们的身体让人浑身疼痛或奇痒难忍。

16. 大脑是人类的一部分。它也可以说是人的身体的一部分。然而，令人吃惊的是，相对于尸体而言，如果说一个活人的身体有两条腿，或者说一个截肢者的身体只有一条腿，我们怀疑人们会犹豫不决。具有误导性的所有格（misleading possessive）适用于人和人的尸体，但不适用于或者只是犹豫不决地适用于说活人拥有的身体。虽然大脑是人体的一部分，但我们肯定不会说"我的身体有大脑"或"我身体的大脑得了脑膜炎"。这绝非巧合。

17. 我们同意塞尔教授的观点，即哪些低等动物有意识的问题不能通过"语言分析"来解决。(第104页）但是，他认为可以通过研究动物的神经系统来解决这个问题，而我们则认为可以通过研究动物在其生活环境中所表现出来的行为来解决这个问题。正如我们可以通过动物对视觉的反应来确定其是否能看见一样，我们也可以通过研究动物的行为技巧和对环境的反应来确定其是否具有意识能力（这并不意味着有意识就是以某种方式行为，而只是说有意识的标准是行为的)。

18. 将心理谓词应用于他人的理由包括证据依据。这些理由可以是归纳性的，也可以是构成性的（标准性的)。在这些情况下，归纳性理由以非归纳性、标准性理由为前提。适用心理谓词的标准包括在适当情况下的行为（而不仅仅是身体动作)。这些标准是可以被推翻的。这样或那样的理由证明可以把一个心理谓词归因于另一个，这部分地构成了谓词的含义，但并没有穷尽其含义。应用这种谓词的标准有别于它的真值条件——动物可能会感到痛苦却不表现出来，或者表现出痛苦行为却不感到痛苦（我们不是行为主义者)。将一个心理谓词赋予一个存在者的命题的真值条件与它的真值是不同的。标准和真值条件都有别于一般条件，在一般条件下，适用或否认生物谓词的活动可以显著地进行。但是，假设"语言游戏被玩"（如塞尔教授所说）的条件是发生可公开观察到的行为是错误的。因为带有心理谓语的语言游戏，其否定性不亚于肯定性。把学习语言游戏的条件与玩语言游戏的条件混为一谈也是错误的。

19. J. Z. Young, *Programs of the Brain* (Oxford: Oxford University Press, 1978), p. 192. 丹尼特教授还认为（第90页）我们歪曲了克里克的观点，认为由于他写到我们的大脑根据以往的经验或信息相信事物并做出解释（F. Crick, *The Astonishing Hypothesis*, London: Touchstone, 1995, pp. 28 – 33, 57)，因此克里克真的认为大脑相信事物并做出解释等。我们邀请读者在克里克引用的讨论中寻找他们自己。

20. N. Chomsky, *Rules and Representations* (Oxford: Blackwell, 1980). 这一点并没有被忽

视，正如丹尼特教授所断言（第 91 页）的那样，G. P. Baker 和 P. M. S. Hacker［*Language, Sense and Nonsense*（oxford：Blackwell，1984），pp. 340 – 45］对此事进行了认真的讨论。

21. D. Dennett，*Consciousness Explained*（Harmondsworth：Penguin，1993），pp. 142 – 44.

22. 丹尼特在此引用了他在 S. 格滕普兰（S. Guttenplan）编著的《心灵哲学指南》（*A Companion to the Philosophy of Mind，Oxford：Blackwell*，1994）中的自传条目，第 240 页。

23. 当然，我们并不否认概念和概念结构的类比扩展在科学中往往是富有成效的。流体力学类比产生了富有成果的、可检验的、数学化的电学理论。但在丹尼特的意向立场的诗意许可中，却看不到任何可与之相比的东西。很明显，诗意的许可允许丹尼特教授将恒温器描述为某种程度上认为天气太热而关闭中央暖气的装置，但这对工程科学或对平衡机制的解释毫无帮助。

丹尼特教授断言（第 88 页），我们没有讨论他试图用他所谓的“意向立场”来解释大脑皮层过程的问题。事实上，我们用了相当长的篇幅讨论了他的“意向立场”观点（PFN，第 427—431 页），并给出了怀疑其可理解性的七条理由。由于丹尼特教授没有对这些反对意见做出答复，我们暂时没有进一步的补充。

在美国哲学研究会的辩论中，丹尼特教授宣称，有“成百，可能甚至上千个实验”表明，大脑的一部分拥有信息，它有助于“大脑另一部分正在进行的解释过程”。他坚持认为，这是一种“某种程度上的断言——一种告诉‘是的，这里有颜色’‘是的，这里有运动’”。他说，这“就是显而易见的”。但是，视觉纹状皮层中的细胞对视网膜传来的冲动做出反应并不意味着它们掌握了视野中物体的信息或某种程度上的信息，它们对冲动做出反应也并不意味着它们解释了或某种程度上解释了什么。或者我们还应该争辩说，心肌梗塞表明心脏拥有关于血液中缺氧的某种程度上的信息，并将其某种程度上解释为冠状动脉阻塞的迹象？或者我发生故障的手电筒拥有关于到达灯泡的电流大小的信息，并将其解释为电池耗尽的迹象？

24. 思维不是发生在人里，而是由人完成的。我想到你要去 V 的事件发生在我想到这一点时我所处的位置；我看到你正在进行 V 的事件发生在我看到你进行 V 时我所处的位置。这是思考、感知等具有位置的唯一意义，就像塞尔教授所做的那样（第 110 页），在任何其他意义上问思考到底是在哪里发生的，就好比在回答“当他去年在纽约的时候”之外，在任何其他意义上问一个人到底在哪里重了 160 磅。与此相反，感觉是有身体位置的——如果我的腿疼，那么我的腿就疼。当然，我腿疼的状态（如果是状态的话）是在我腿疼时的任何地方产生的。

25. 人需要一个正常运转的大脑来思考或行走，但人并不是用大脑行走的。人也不能用大脑思考，就像人不能用大脑听或看一样

26. 塞尔教授争辩说，由于我们否定了哲学家们尚未理解的感受质，因此我们无法回答经历心理过程包含什么的问题（第111页）。如果说在一个人的想象中背诵字母表（塞尔教授的例子）算得上是一个心理过程的话，那么它就包括首先对自己说“a”，然后是“b”，接着是“c”，等等，直到说到“x”“y”“z”为止。这种心理过程不是通过它的质的感受来识别的，而是通过它是字母表的背诵来识别的。其发生的标准包括受试者的“这么说”。当然，它可以被认为伴随着未知的神经过程，其位置可以通过使用“fMRI”进行归纳相关来大致确定。

27. Descartes, *Principles of Philosophy*, 1：46，67，尤其是4：196。

28. 就像丘奇兰教授所断言的，“Cleansing Science,” 469f.，474。

29. 同上文，第470页。

30. 更进一步的讨论，见 P. M. S. Hacker，“Wittgenstein：Meaning and Mind”, part 1：*The Essays*（Blackwell, Oxford, 1993），“Men, Minds and Machines,” pp. 72–81。

31. C. Blakemore，“Understanding Images in the Brain,” in H. Barlow，C. Blakemore，and M. Weston-Smith, eds.，*Images and Understanding*（Cambridge：Cambridge University Press，1990），p. 265.

32. J. Z. Young, *Programs of the Brain*（Oxford：Oxford University Press，1978），p. 112.

33. D. Chalmers, *The Conscious Mind*（Oxford：Oxford University Press，1996），p. 4.

34. F. Crick, *The Astonishing Hypothesis*（London：Touchstone, 1995），pp. 9f.

35. A. Damasio, *The Feeling of What Happens*（London：Heineman，1999），p. 9.

36. Ned Block，“Qualia,” in S. Guttenplan, ed.，*Blackwell Companion to the Philosophy of Mind*（Oxford：Blackwell, 1994），p. 514.

37. Searle, *Mystery of Consciousness*（London：Granta，1997），p. xiv.

38. T. Nagel，“What It Is Like to Be a Bat?” reprinted in his *Mortal Questions*（Cambridge：Cambridge University Press，1979），p. 170.

39. 塞尔教授（与格莱斯和斯特劳森一样）假定，知觉经验的特征是其与虚幻和幻觉经验的最高共同因素。因此，所有的知觉经验都是幻觉，但真实的知觉是一种具有特殊原因的幻觉。我们认为，这是错误的。

40. 塞尔教授断言我们否认定性经验的存在（第99页）。我们当然不否认人们有视觉经验，即他们看到了事物。我们也不否认看到事物可能具有某些特质。我们否认的是，每当有人看到某样东西时，他们看到那东西的感觉是什么样的，更不用说他们看到他们所看到的东西的感觉是什么样的了。我们否认“经验的质的感受”是其“决定性的本质”（第115页）。视觉或听觉的定义并不取决于它们的感觉，而是取决于它们能让我们探测到什么。

41. G. Wolford, M. B. Miller, and M. Gazzaniga, "The Left Hemisphere's Role in Hypothesis Formation," *Journal of Neuroscience*, 20 (2000), RC 64 (1 –4), p. 2.

42. 我们感谢 Robert Arrington, Hanoch Ben-Yami, Hanjo Glock, John Hyman, Anthony Kenny, Hansoberdiek, Herman Philipse, Bede Rundle, 尤其感谢 David Wiggins 对本文初稿提出的有益意见。我们于 2005 年 12 月 28 日在纽约东区举行的美国哲学研究会的"作者和评论家"的辩论中汇报了该初稿。

后　记

麦克斯韦·贝内特

163　1962年，我在完成电气工程学位时遇到了约翰·埃克尔斯爵士。次年，他因研究脊髓和大脑突触的化学传递而获得诺贝尔奖。他问我在做什么，我回答说："电气工程。"他回答说："太好了，你应该加入我，因为每个一流的神经生理学实验室都需要一个非常优秀的焊工。"我相信，现在每一个一流的认知神经科学实验室都需要一个非常优秀的批判性、分析性的哲学家。本书详细介绍了2005年在纽约举行的美国哲学研究会会议上关于认知神经科学的目标和成就的对话，为我的观点提供了佐证。

神经科学关注的是了解神经系统的工作，从而帮助制定策略，减轻人类因痴呆症和精神分裂症等疾病而承受的可怕负担。神经科学家在完成这项任务的同时，还阐明了大脑中那些必须正常运作才能使我们能够行使感知和记忆等心164　理能力的机制。

这种神经科学观点与认为神经科学只有一个最重要的目标，即理解意识的观点是相对立的。[1]有趣的是，我们不妨对这一提议进行深入思考，以此为例说明神经科学领域需要我所呼吁的那种批判性哲学分析。彼得·哈克和我在我们的书中用了一百多页的篇幅来讨论意识这个主题。在我们分析的开头，我们指出："迈向清晰的第一步是区分及物意识和不及物意识。及物意识是指对某物或其他事物有意识，或者意识到某事物或其他事物是这样或那样的。相比之下，不及物意识没有对象。它是有意识的或清醒的，与无意识或沉睡相对。"（《神经科学的哲学基础》，以下简称PFN，第244页）不及物意识的丧失，如

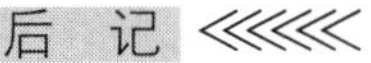

睡眠、昏厥或麻醉，是神经科学文献中丰富的主题。另一方面，神经科学文献在研究各种形式的及物意识时也存在很多困惑。这些意识包括知觉意识、躯体意识、运动意识、情感意识、对自己动机的意识、反思意识、对自己行为的意识和自我意识（PFN，第248—252页）。其中一些形式的及物意识是注意的。例如，对某事物的知觉意识涉及一个人的注意力被其所意识到的事物所吸引和保持。认为感知事物本身就是一种及物意识，甚至认为感知事物就意味着意识到自己所感知的事物，这种观点是错误的。

165

神经科学研究主要集中在一种被认为（或误认为）是及物知觉意识的形式上，即视觉知觉，特别是双眼竞争现象。在这种竞争过程中，观察者会看到两个不一致的图像，每只眼睛受到一个图像的影响，但每次只能感知到一个图像。在感知上占主导势的图像每隔几秒就会交替变化。这可以通过洛戈塞蒂斯及其同事（Leopold and Logothetis 1999；Blake and Logothetis 2002）的实验工作来理解。利用操作性条件反射技术，猴子被训练操作杠杆来指示在任何给定时间两个竞争的单眼图像中哪一个占主导地位（见图8：左侧，上图）。从猴子视觉皮层的单个细胞记录到的动作电位脉冲活动可以与动物移动杠杆的知觉反应相关联。这使得识别神经元活动与知觉经验相对应的皮质区域成为可能。下图（图8左侧）显示了双眼竞争期间单个活跃神经元记录到的脉冲数量。沿x轴的条形图表示对两幅图像的交替知觉，这与脉冲放电的周期明显相关。图8（右侧）显示了包含反应性神经元的脑区，这些神经元的活动与猴子的视觉知觉相关。在“高级”视觉中枢，即距离丘脑皮层输入最远的视觉中枢，与知觉相关的神经元比例增加。在最早的大脑皮层区域 V_1（与丘脑有直接联系）和 V_2 中，只有一小部分对视觉刺激有反应的神经元会对双眼竞争交替做出一致反应，而在与丘脑输入距离最远的区域，即 V_4、MT和MST，这一比例更高。在IT和STS区域几乎所有对视觉刺激有反应的神经元的活动与动物的知觉状态密切匹配。这种皮质神经元的调制和与视网膜直接连接的外侧膝状核的非皮质神经元的活动形成对比。这些在双眼竞争期间没有表现出任何调制。

166

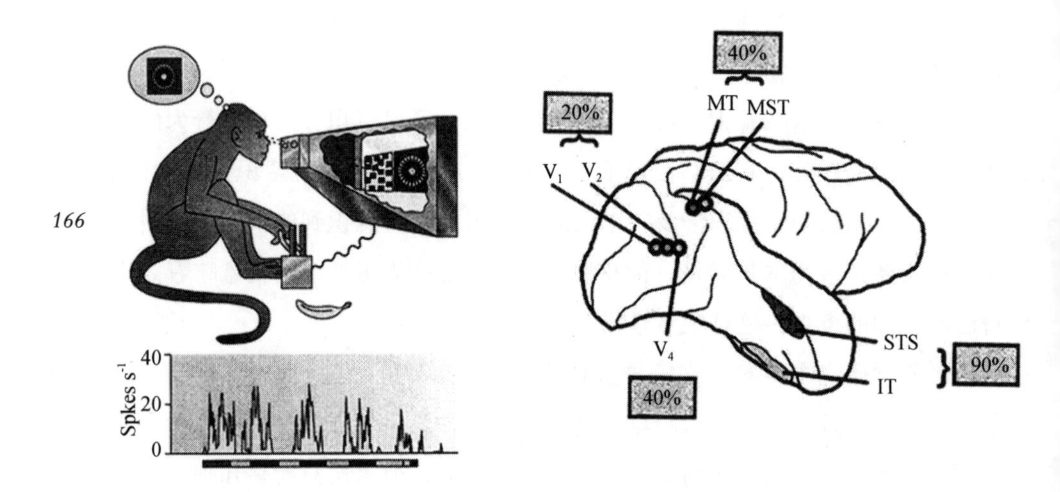

图 8　操作性条件反射技术确定了大脑皮层中含有神经元的区域，这些神经元在呈现“竞争性”单眼图像时会激发与猴子的“知觉报告”相关的动作电位脉冲

（引自 Blake and Logothetis 2002；Leopold and Logothetis 1999）

因此，在大脑皮层中存在一组分布式神经元，它们的激发与动物的知觉反应相协调，尽管低级视觉区域（V_1）的神经元数量少于高级视觉区域。卢默（Lumer）和他的同事利用人类受试者的功能磁共振成像，强调了皮层中在对双眼交替的知觉反应中活跃的神经元的空间分布。他们的研究揭示了，活跃神经元在大脑皮层中的分布范围较大，其活动随报告的知觉经验的波动而波动，包括外侧前额叶皮层和高级视觉中枢（Lumer，Friston and Rees 1998）。埃德尔曼和他的同事利用对人类受试者皮层的神经磁记录也发现了这一现象（Tononi and Edelman 1998；Srinivasan et al. 1999）。知觉过程中的这种分布式活动似乎就是导致塞尔教授提出存在“意识场”（consciousness field）的原因。[2]

与强调双眼竞争时大脑皮层的分布式活动形成对比的是，另一些人认为，

167

只有高级视觉中枢中的特定神经元类别才能为这一现象提供 NCC。例如，克里克和科赫（2003）强调，只有高级视觉中枢，如图 8 中的 STS 和 IT，才拥有视觉激活的神经元，这些神经元通常（90%）会与双眼竞争交替的反应一致。这促使克里克和科赫研究了“猕猴颞下回（IT）中不同类型神经元的树突分支，这些神经元映射到主沟附近的前额叶皮层”（图 9：顶部，灰色阴影）的

细节。他们接着“注意到只有一种类型的细胞的顶端树突能到达第1层”。然后他们问道：“达到意识阈值以上的活动有什么特别之处？可能是特殊类型神经元的放电，比如映射到大脑前部的锥体细胞（图9）。”因此，我们现在可以将双眼竞争时知觉的NCC与皮层IT区域的一种特殊神经元类型联系起来，这种想法与巴洛（1997）的“脑桥细胞”或“基数细胞”的想法类似。这使得科赫（2004）在其深受一些资深哲学家推崇的著作《意识的探索》（*The Quest*

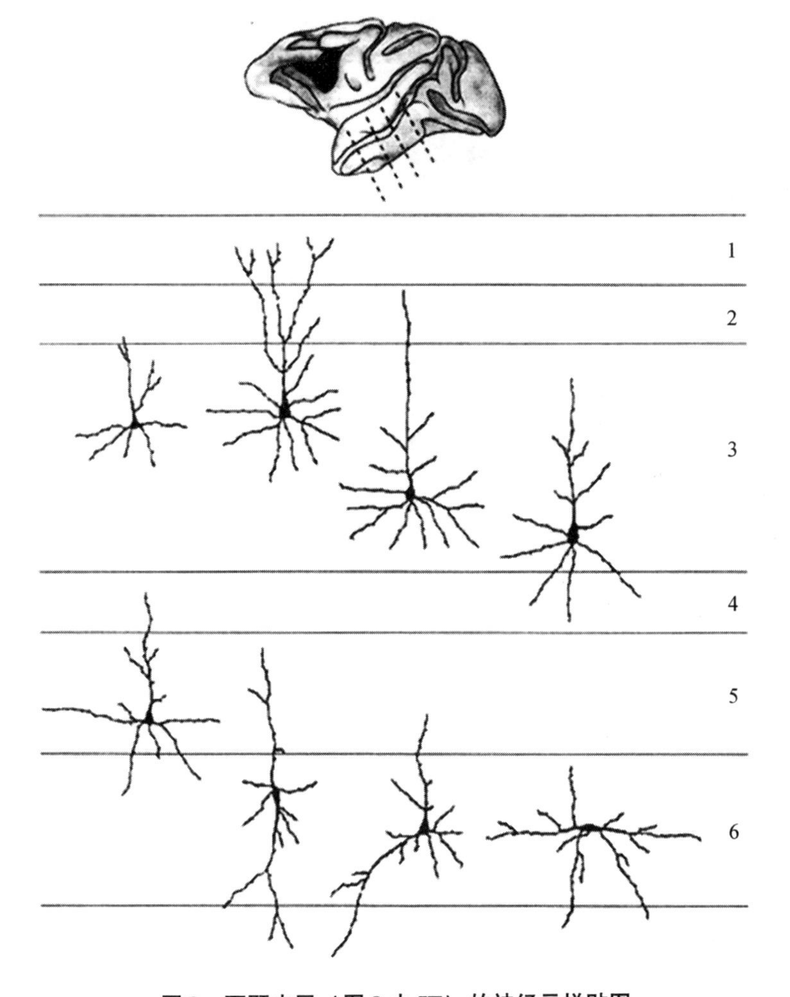

图9 下颞皮层（图8中IT）的神经元拼贴图

注：这些神经元可映射到前额叶皮层的有限部分（顶部插入大脑中的点状区域；引自 Crick and Koch 2003；源自 DeLima，Voigt and Morrison 1990）

168

for Consciousness)[3]中，通过图 10 描述了神经科学可能揭示的有关视觉知觉过程中的 NCC 的情况。这是对我们的心理属性与大脑运作之间关系的一种隐蔽的笛卡尔观点。它根植于我们在本书（PFN，第 10 章）中抨击过的一种错误观念，即意识的本质是它与感受质的联系，因此这些难以言喻的经验质的特性可能是由基数细胞或脑桥细胞引起的。

169

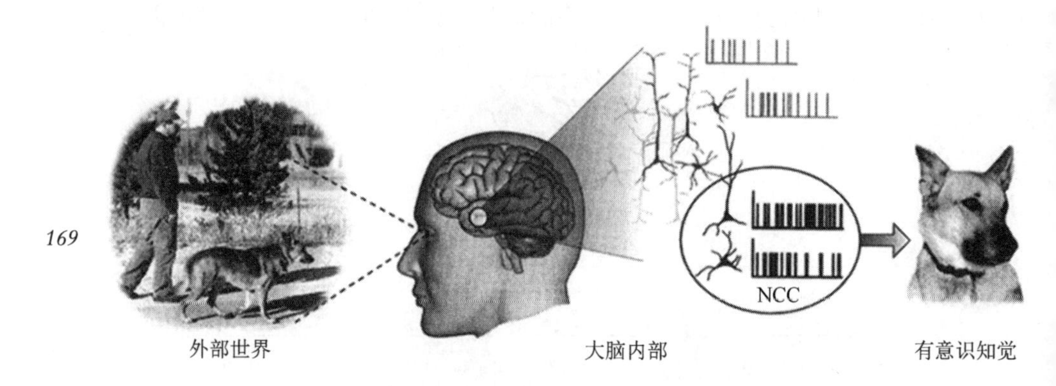

图 10　NCC 是神经事件的最小集合——这里是新皮层锥体神经元（位于 IT 区）的同步动作电位——足以产生特定的有意识知觉

（引自 Koch 2004）

我相信以上对有关双眼竞争时视觉知觉的神经科学研究及其解释的简短描述，揭示了对分析哲学家批判性的澄清的迫切需要。彼得·哈克和我认为，无论是用“意识场”还是“基数细胞”来解释，这项研究的结果都完全无助于人们对及物知觉意识的理解。充其量只是有助于识别双眼竞争条件下视觉知觉的某些神经相关因素。但是，及物知觉意识涉及人的注意力被视野中的某物吸引和保持。要发现及物知觉意识的 NCC 所需的神经科学研究是人的注意力被所感知的事物吸引和保持的神经相关因素，而不是感知本身。因为感知一个物体并不等于意识到所感知的物体。一个人可能感知到一个物体 X 却没有意识到它，这可能是因为他把它误认为是 Y，也可能是因为他的注意力没有被它吸引和保持住，这可能是因为他甚至没有注意到它，也可能是因为他有意地关注到了它。及物知觉意识是认知接受性的一种形式（PFN，第 253—260 页）。情感意识、对自己动机的意识、对自己行为的反思意识和自我意识需要重要的不同形式的分析。《神经科学的哲学基础》和我们即将出版的《认知神经科学的历史：概念分析》（*History of Cognitive Neuroscience: A Conceptual Analysis*）一书中列举了许多其他例子，说明有必要加以澄清，这些例子涵盖了神经科学对我们心理属性的神经元相关性的全部研究范围。

我在引言中提到了神经科学中错位的傲慢，如果哲学家成为神经科学事业的追随者，这种傲慢只会更加严重。在《纽约书评》（*New York Review of Books*）上对神经科学家的工作撰写赞美性评论的人似乎并没有意识到与他们想法相关的明显的概念性的困难，这并不是这门学科所需要的。我们需要富有启发性的哲学批评，以帮助指导对我们的心理能力及其行使进行富有成效的神经科学研究。我坚信这是年轻一代哲学家的一项重大任务。 170

注释

1. 塞尔教授在美国哲学研究会会议上提出了这一提议。他声称，实现这一目标将分三个步骤进行：首先，确定意识的神经相关因素（NCC）；其次，建立意识与这些神经相关因素之间的因果关系；以及，再次，发展有关意识与神经相关因素的一般理论。

2. J. Searle, *Mind: A Brief Introduction* (Oxford: Oxford University Press, 2004), chapter 5.

3. J. Searle, "Consciousness: What We Still Don't Know," *NewYork Review of Books*, January 13, 2005. 这是对克里斯托夫·科赫的评论，*The Quest for Consciousness* (Greenwood Village, CO: Roberts, 2004)。

参考文献

Barlow, H. 1997. "The Neuron Doctrine in Perception." In M. S. Gazzaniga, ed., *The New Cognitive Neurosciences*, 4th ed. (Cambridge: MIT Press), p. 421.

Blake, R., and N. K. Logothetis. 2002. "Visual Competition." *Nature Reviews Neuroscience* 3: 13-21.

Crick, F., and C. Koch. 2003. "A Framework for Consciousness." *Nature Reviews Neuroscience* 6: 119-126.

De Lima, A. D., T. Voigt, and J. H. Morrison. 1990. "Morphology of the Cells within the Inferior Temporal Gyrus that Project to the Prefrontal Cortex in the Macaque Monkey." *Journal of*

Comparative Neurology 296: 159 – 172.

Koch, C. 2004. *The Quest for Consciousness* (Greenwood Village, CO: Roberts).

Leopold, D. A. , and N. K. Logothetis. 1999. "Multistable Phenomena: Changing Views in Perception." *Trends in Cognitive Science* 3: 254 – 264.

Lumer, E. D. , K. J. Friston, and G. Rees. 1998. "Neural Correlates of Perceptual Rivalry in the Human Brain." *Science* 280: 1930 – 1934.

Srinivasan, R. , D. P. Russell, G. M. Edelman, and G. Tononi. 1999. "Increased Synchronization of Neuromagnetic Responses during Conscious Perception." *Journal of Neuroscience* 19: 5435 – 5448.

Tononi, G. , and G. M. Edelman. 1998. "Consciousness and Complexity." *Science* 282: 1846 – 1851.

仍在寻找

追求理性王子的科学与哲学

丹尼尔·罗宾逊

解剖学在17世纪初的英国的思想课上很流行。伟大的威廉·哈维（William Harvey）于1602年从意大利归来，并于1615年开设他开创性的伦穆里讲坛（Lumleian lectures）。剑桥是人们对身体机制重新产生兴趣的中心之一。哈维手持学位证书，于1600年离开剑桥，前往帕多瓦接受法布里修斯（Fabricius）本人的指导，而当时年轻的菲尼亚斯·弗莱彻（Phineas Fletcher，1582—1650年）正在国王学院完成自己的学业。我们都知道哈维。弗莱彻几乎迷失在时间的迷雾中。任何解剖学学生都不会用弗莱彻的教学方式来交换哈维的教学方式。然而，由于我们理解自然世界的全部或任何部分的方式与为完成任务而选择的方法有着严格的联系，因此，重拾弗莱彻的方法可以满足我们的好奇心。 171

菲尼亚斯·弗莱彻的《紫色岛》（*The Purple Island*）发表于1633年，是一部寓言故事，共分十二个篇章，引导读者进入并穿越人体这个神秘的领域。这个岛屿的色调归功于上帝创造新地球的紫色物质。瑟斯尔（Thirsil）向年轻的牧羊人听众唱起了解剖学发现之歌。如果我们认为这些乡村青年与今天的学生类似，我们可能会同意直到瑟斯尔唱到第6篇章时，人们才会对这首歌产生兴趣，因为在第28节中，我们进入了： 172

> 爱斯兰兹王子的领域，比天国的更高贵，……被恰当地称为无所不知的智慧；

一切都光辉灿烂，没有什么是尘世间的；他那太阳般的脸庞，最神圣的一面。

任何人性化的眼光都无法描绘：

因为当他自己的眼睛映照出自己时，他或呆滞或惊讶地看着如此明亮的威严。

然后，继续到第30节，王子的构成就毫无疑问了：

他最奇怪的身体不是身体的，
而是没有物质的物质；从不填充，
也不充满；尽管在他的罗盘高处，
所有的天地，和其中的万物都被其持有；
然而，他能容纳千千万万个天，
却仍像最初一样空无一物；
当他接纳极致的时候，他已准备再接纳一遍。[1]

哈维和弗莱彻加入了对理性灵魂所在地的长期探索，寻找亚里士多德明智地没有寻找到的那个“形式之所”，那个“最奇怪的身体”，它的定义属性似乎不是身体。正如本文所表明的那样，我们仍在寻找。然而，正如本文所更清楚地表明的那样，现在对于在更有可能的地方能发现什么已经不那么确定了。

本文的贡献者包括一位杰出的科学家和一批成就卓著、具有影响力的哲学家。如果要将激发他们交流的差异定位在更大的思想史背景下，那么再次考虑哈维和弗莱彻的方法是有用的，他们各自踏上发现之旅，各自都执着于一种似乎已被人类实践证明是有价值的解释模式。从这个角度来理解，并在稍后适当指出保留意见的情况下，我认为约翰·塞尔和丹尼尔·丹尼特希望与哈维一致，尽管他们的思辨哲学实际上是弗莱彻的遗产。正如弗莱彻一样，他们是他们时代解剖学的学生，但他们会用解剖学来讲述故事。读者可以选择将结果视为寓言或头条新闻。不过，就这是一个故事而言，它不能被误认为是与实验科

173

学或理论科学截然不同的任务。

麦克斯韦·贝内特和彼得·哈克巧妙地引起了人们对这一点的关注，他们继续坚持认为，这就是问题的本质，即这些都是通向有价值但根本不同的目标的不同道路。这里没有对不同的研究和解释模式的相对价值做出判断，人们可能会注意到，贝内特和哈克所撰写的篇幅（贝内特的明确技术性篇幅除外）根植于分析哲学的长期公认传统。在这里，我指的不是牛津大学的一群思想简单的哲学家所谓的“发现”，而是柏拉图对话录的核心任务——澄清术语、以论证的形式提出问题、要求一致性和连贯性。除此之外，亚里士多德还增加了自然世界的内容以及由此产生的大大扩展的哲学任务。丹尼特和塞尔有故事可讲，而且都是由技艺大师讲的好故事。贝内特和哈克在他们的重要著作《神经科学的哲学基础》中得出结论说，由于术语选择的特殊性、不科学性和非哲学性，这些故事的真理价值无法评估。他们在塞尔、丹尼特以及当今认知神经科学领域的其他思想领袖身上发现了太多的吉尔伯特·赖尔的“她披着眼泪的面纱，坐着轿子来了”。在本文中，读者将以一种浓缩的、具有启发性的辩证形式重新带入这些故事中。

174

在回顾自己的文章时，贝内特讲述了与约翰·埃克尔斯的一次会面的内容，埃克尔斯戏谑地坚持认为，神经生理学研究总是需要“一个非常优秀的焊工”。贝内特随后表达了自己的信念：“现在每一个一流的认知神经科学实验室都需要一个非常优秀的批判性、分析性的哲学家。”我在长椅和扶手椅上投入了多年，亲身体会到埃克尔斯是对的，尽管我没有贝内特那么确信。我的怀疑来自一种更普遍的怀疑主义，即对定义明确的学科进行复合或连缀的问题。一旦定义明确的伦理学被改写为生物伦理学，人们就会倾向于认为必须找到一些更深层次的伦理准则来涵盖偷窃他人肝脏的情况，而涵盖偷盗汽车的准则不足以完成这项任务。对于“认知神经科学”，这个形容词本身似乎就解决了一个问题，而这个问题至少从柏拉图为《克里托》中的苏格拉底发声的时代起就一直是哲学上难以解决的问题。贝内特早期的疑惑——事实上，如何从突触中得到心理！——也是弗莱彻的疑惑。弗莱彻在试图见到王子时所缺乏的东西，哈维是无法提供的。无论是解剖针还是解剖学吹管，在这里都无法派上用场。仍然有强有力的论据表明，现实而见多识广的认知心理学的更大任务必须沿着一条不同于引导科学家作为朝圣者前进的道路开始。

也许我可以通过引用贝内特总结的研究来更清晰地说明我的观点，即视觉知觉结果是如何与“更高级”的皮层事件相关，而不是与那些更接近视网膜起源的事件相关的。有一系列长期而一致的研究结果证明，至少在听觉和视觉中，随着事件从一阶神经元水平移动到它们的最终皮层目的地，系统的“调整”变得越来越敏锐。但是，双眼竞争现象不同于系统对较窄频带的调整。当一个图像和另一个图像先后成为主导图像时，动物的操作行为就会显示出一种看似现象学的特性。在这一框架内自然产生的问题与所有这一切在眼睛位于外侧的动物中发生的方式有关，因此不可能存在相同类型的双眼竞争。眼睛位于内侧的动物面对的是一个视觉空间，在这个空间中，同一个物体可能会被竞争识别；而眼睛位于外侧的动物面对的是两个分开的视觉空间，这两个空间中没有共同的物体。

175

我为什么要提到这一点呢？我这样做是为了说明一个显而易见（如果经常被忽视的话）的观点，即不仅有一只真正的动物在看某些事物，而且可见环境的参与方式将取决于一种特定种类的生物必须接受的更广泛、更复杂的生态现实。这一事实对不同物种之间的概括施加了不同程度严重的限制。当概括包括“及物”（transitive）或“不及物”（intransitive）意识时，我们可以怀疑实际上存在着更严格的限制。就像鱼儿不会发现水，正是从这个意义上说，在实验室泡沫中进行的观察似乎与可见世界中的生活相去甚远。换个角度看，要确定作为一只猫是什么样的，似乎比确定“在实验室笼子里度过的一生中，除了可以映射到不同视网膜位置的东西之外，什么都没有看到”是什么样的要容易得多。

在贝内特和哈克向毫无戒心的认知神经科学家提出的警告中，尤其有趣的是他们认为我们并不总是有意识到我们所感知的东西。贝内特指出：“一个人可能感知到一个物体 X 却没有意识到它，这可能是因为他把它误认为是 Y，也可能是因为他的注意力没有被它吸引和保持住，这可能是因为他甚至没有注意到它，也可能是因为他有意地关注到了它。”这种说法并不具有说服力。当然，一个人误认物体的事实并不能证明他并没有有意识地感知到某物。任何视觉对象的“特性”都不是明确确定的。俄狄浦斯（Oedipus）对伊俄卡斯忒（Jocasta）的爱并不是孝顺。月光下的蓝色花朵比正午时分的黄色花朵更明亮，

176

但这并不能作为反对及物知觉意识的证据；蜜蜂对光谱的最高敏感度在紫外线范围内，但它的证词也不能作为反对及物知觉意识的证据。此外，及物知觉意识正在发挥作用的一个明确迹象是有意将视觉空间中的物品分开。至于一个人“在没有意识到它的情况下”知觉到 X，恐怕需要某种理论上的特殊辩护才能得到广泛认同。

这些都是相当小的顾虑，尤其是与约翰·塞尔提出的那些顾虑相比。他的目标是把意识放回到大脑中，而这正是盖伦和希波克拉底（Hippocratics）很早以前就有的想法。塞尔借助科学进步，通过把状态与位置区分开来的方式，改进了他们的结论。人们认为，与意识“在”大脑中相比，声称意识是一种大脑状态并没有什么特别之处。

关于状态以及过程和机制等类似术语的讨论已被频繁采用，以至于这些术语现在几乎处于受保护的地位。但是，除了将结论不正当地引入尚未进行的论证之外，这些结论是否还有其他作用就不那么清楚了。这种做法已经养成了习惯。塞尔允许自己假设“状态”，并很快添加了一个叫“喝啤酒的质的特性”的东西，我们知道，“喝啤酒的质的特性不同于听贝多芬第九交响曲的质的特性”。我有理由相信，我知道喝啤酒和听贝多芬的区别。但我不太确定这两种活动的“质的特性”。尽管我喝过拉格啤酒，但我从未喝过一个质的特性。这是诡辩吗？也许吧。但在这一领域，诡辩是相加的，可能会达到哲学上的临界质量。 *177*

塞尔以其特有的、令人钦佩的直率直指批评的核心：

> 神经科学领域的许多最优秀研究工作都在努力解释大脑过程是如何导致视觉经验的，以及视觉经验在大脑中的何处和如何实现。令人震惊的是，贝内特和哈克却否认了这种意义上的视觉经验，即感受质意义上的视觉经验的存在。

在考虑贝内特和哈克令人震惊的否认之前，有必要研究一下我认为更令人震惊的说法，即神经科学的最优秀的工作有望解释大脑过程如何导致视觉经验（在大脑的某处实现）。约翰·塞尔非常清楚，这整个因果关系是当前问题的核心。因此，他知道，将这种因果关系视为定论——依靠出色的研究来证明这一切是如何运作的——是无法通过哲学检验的。关于因果相关术语本身（它们是事实、物质对象、概念术语、事件、条件吗?），甚至关于它们是否必然存在，都没有广泛的共识。毕竟，简得以幸存的原因是她没有喝下毒药。在这里，存活的“原因”是一个被期望但未实现的事。为了直奔主题，让我们承认，如果所有标记心理领域的东西都是由大脑中的某组“状态”因果关系引起的，那么，正如格言所说，物理学是完整的，我们可以开始为哲学家重新安排第二职业。

作为地球上的一名长期居民，我毫不怀疑，身体的健康和功能性组织，尤其是包括神经系统在内，构成了我们乐于称之为精神生活的必要条件，至少在其月下化身（sublunary incarnation）是如此。虽然如此，在科学尚未转变为一种修辞学的时代，认为兴奋组织导致了这一切的说法简直是令人叹为观止的。正当物理学界的前沿思想在因果关系问题上表现出严谨和警惕的时候，认知神经科学家和他们的哲学助手来了。他们想知道为什么有人会犹豫接受如此明显的任务：“大脑过程是如何导致视觉经验的，以及视觉经验在大脑中是如何实现的”！即使从某种形而上学上可以接受的意义上讲，我们可以声称已经确定了引力是如何导致前门的钥匙落向地心的，但只要地球和房子的钥匙都有质量，而且它们之间的距离大小可以用英里、英寸、英尺或（勉强地）米来规定，那么这种解释就行得通（如果行得通的话）。然而，如果把任何地方的新陈代谢活动与听到“欢乐颂”之间的因果关系联系起来，形而上学的门槛就会高得多，更不用说评价它了。

178

塞尔对语言游戏的范围表示严重怀疑。贝内特和哈克广泛应用的概念资源归功于维特根斯坦，而塞尔对维特根斯坦式的错误提出了众所周知的保留意见，用他的话说，就是混淆了以下内容：

> 心理概念与心理状态本身应用的标准基础。也就是说，他们混淆了心理谓词归属的行为标准和这些心理谓词所归属的事实，这是一个非常严重的错误。

这个问题非常棘手，无法简单讨论。第一人称和第三人称对疼痛的描述来源不同，这一点没有争议。史密斯感觉牙齿疼痛的依据与琼斯判断史密斯疼痛的依据不同，这一点没有争议。然而，引起争议的是声称史密斯的三叉神经上颌支相关纤维中不过是拥有过度的放电模式，因此可以说他有“疼痛”，就像有社会和语言文化背景的人有“疼痛”一样。我对此也有自己的疑问，但是，篇幅再次阻碍了更全面的阐述。然而，塞尔在注意到维特根斯坦的功劳后，他从贝内特和哈克那里摘录了一段话，并对其进行了奇怪的解释。这段话是这样的：

179

> 心理谓词归属的标准依据……部分构成该谓词的含义。……大脑不符合作为心理谓词的可能主体的标准。(第 83 页)

塞尔将这理解为由于大脑无法“表现”这一事实而否认大脑有意识。他说贝内特和哈克的主要观点是“大脑无法表现出相应的行为”。嗯，是的，贝内特和哈克的确是这么说的。然而，塞尔忽略了得出这种结论的微妙（也许过于微妙）的论据。这并不是说意识不能归因于大脑，因为大脑无法表现出相应的行为。相反，如果所讨论的归属在词根意义上有意义，它们就必须满足任何谓词所面临的相同的标准要求。大意为“史密斯很高”“大脑是湿的”“哈丽特很年轻”的陈述是可理解的，因为“湿的”“年轻”“高”并不是从标着“甲虫”（BEETLE）的盒子中抽取出来的，只有拿着盒子的人才看得见。在这个意义上，史密斯作为一个孤立的人，对自己被称为“高”并无任何意义，同样的，“痛苦”甚至也被不恰当地归因于他自己。除非我也误读了贝内特、哈克和维特根斯坦，否则结论并不是说大脑不可能有意识，而是说大意如此的言论就像声称“大脑是社会民主人士”的说法一样令人费解。

在几个地方，但主要是在他有趣的文章的结尾，塞尔暗示了实验科学可能对哲学问题做出的贡献。他指出，“美好生活”等问题不太可能得到这样的益处，尽管如此，他还是期望一些哲学问题能够为科学发现所折服。遗憾的是，他提供的具体例子至少让一位读者感到困惑不解。塞尔的话是这样的：

180

> 我没有对科学问题和哲学问题做出明确的区分。让我举一个例子来解释科学发现是如何帮助我的哲学工作的。当我举起手臂时，我有意识的行动意图会引起我身体的物理运动。但这种运动也有一定程度的描述，它是

> 由一系列神经元放电和运动神经元轴突终板分泌的乙酰胆碱引起的。在这些事实的基础上，我可以进行哲学分析，说明同一个事件必须既是定性的、主观的、有意识的事件，又具有大量的化学和电学特性。但哲学分析到此为止。我现在需要知道它在管道中究竟是如何工作的。

读到这里，人们一定想知道是什么样的“哲学分析”得出了手臂的运动具有“大量化学和电学特性”的结论。从某种程度上讲，手臂有重量、手臂皮肤下的某种东西会增加张力以及当被尖锐物体刺穿时，这些手臂会流出红色热液是显而易见的（对于无文字的穴居人来说也是如此）。毫无疑问，实验科学的职责就是弄清楚与举起手臂有关的所有皮下事件的细节。在研究小组继续进行这项重要工作时，哲学分析是否会分散他们的注意力，这一点值得怀疑。与此同时，有哲学倾向的人可能会想，一个人被动地举起手臂，与一个人有意地达到同样的结果，这两者之间有什么区别。在没有任何科学研究成果的帮助181的情况下，我们可以得出这样的结论：这种差异会在皮下的某处表现出来，即使我们承认物理化学上的差异并不能“解释”意图。但是，当我们承认哲学对令人困扰的意志活动问题进行了细致、持续和有启发性的思考时——所有这一切早在人们知道有神经元或终板电位之前就已存在——这些贡献者曾经需要知道“它在管道中究竟是如何工作的”这一命题就变得不可信了。

塞尔准备承认维特根斯坦在“语言游戏”问题上得出的结论，但认为这些结论与认知神经科学项目无关。因此：

> 当我们研究疼痛的本体论时——不是玩语言游戏的条件，而是现象本身的本体论——我们可以忘掉外部行为，只需找出大脑是如何引起内部感觉的。

我重申我对“大脑如何引起……感觉”的疑虑，并转向塞尔对疼痛本体论的理解，他指的是“真正的”感觉本身。当然，活的大脑永远不会沉默，因此可能的神经—现象关联实际上是无限的。所谓的经典疼痛通路终止于丘脑，因此不存在皮层疼痛“中枢”。那么，更狭义地说，问题在于丘脑核如何“引起”疼痛。丘脑核是由一系列整合的细胞体组成的，作为一个单元发挥作用。所以现在我们进一步完善了这一探索：丘脑内细胞体产生的分级电位如何引起疼痛。

让我们举一个例子，一个人的手臂被拉伸或扭曲到感觉疼痛的程度。当然，疼痛是在手臂上感觉到的，而不是丘脑，因为大脑中没有什么“感觉”任何东西。我们知道杰克很痛苦，因为他脸扭曲地说“哎哟!”我们还知道，C纤维受到刺激，进入脊髓背表面的信号会传到大脑和相关丘脑核。但是，还有许多其他的信号也在同一段行程中，来自同一条手臂。此外，在放电率达到并超过临界值之前，不会有“哎哟!”的声音。如果杰克没有任何面部、姿势或声音的反应，我们就会得到所有这些神经生理学数据，但却无从下手。归根结底，杰克才是对疼痛有最后发言权的人。但我们如何知道杰克的哪个“迹象”是疼痛呢？事实上，杰克又是怎么知道的呢？我相信塞尔至少过早地离开了语言游戏一个音素。 182

在讨论分体论谬误时，塞尔完全拒绝接受分体论谬误的存在，并认为即使是维特根斯坦式的论证也不会以牺牲（在特殊意义上的）“大脑会思考”或“大脑会看”这一概念为代价。正如塞尔所说，贝内特和哈克主张大脑不会思考，思考不可能在大脑中发生。他坚持认为，“他们需要一个单独的论证来证明大脑不能成为这种过程的场所，而我找不到这个论证。”相反：

> 维特根斯坦的论证只要求大脑是能够产生行为的整个系统的因果机制的一部分。即使某些心理过程位于大脑中，这个条件仍然可以得到满足。

随着争论的进一步增加，人们开始感觉到，将思维作为一种“过程”来谈论，或多或少要求人们寻找“它的”所在地，而只有与此相反的明确论据才能削弱常识在此所表明的东西。思维作为一种“过程”，当然应该是一种“大脑过程”，至少如果我们必须从身体器官中进行选择的话。然而，如果我们把“思考”这个词用于大量的概念、期望、信念、判断、策略等，而这些概念、期望、信念、判断、策略等又充满了意识的无法追回的分钟——或者如果我们把它用于一个人可能会长时间沉迷于其中而不会中断的一个想法——我认为，那些主张说其中任何一个是一个“过程”的人就有责任了，更不用说是在大脑中发生的过程了。考虑无质量、无空间的实体信息，严格意义上来 183

说，会改变系统中的概率和整体熵。在我们着手拯救薛定谔的猫时，现在还不是进入量子不确定性和叠加性的激动人心的世界的时候，但认识到我们最发达的科学远不是那么执着于真实效应（real effects）需要场所、质量和可观测的“过程”这一观点，还是很有用的。看来，物理主义的最终地位将取决于如何最好、最充分地解释精神生活，但现在就这个问题采取坚定的立场肯定还为时过早。正确的出发点是我们所选择的术语，确保我们所采用的话语模式不会实际上剥夺了发掘我们系统性无知的机会。

丹尼尔·丹尼特与约翰·塞尔有过自己的分歧，但他和塞尔一样批评贝内特和哈克，只是基于不同但有所重叠的理由。丹尼特的主要辩护思路是把自己塑造成一个真正扩展了他所说的“圣·路德维希”成果的人，他把注意力集中在机器人、下棋计算机甚至大脑及其部分的行为上——这些行为与人的行为足够相似，因此可以用心理学术语进行预测。他引用自己早期的著作，认为正是因为存在着两个“解释层面”，我们才被要求去完成把它们联系起来的任务，这项任务需要哲学分析（《内容与意识》，第95—96页）。然而，假定确实存在两个层面的解释，这本身并不能确定它们是或可以是相关的，或者说，如果是相关的，这种关系的预期形式将是因果关系。如果这种关系被证明是在环境温度与系统平均动能之间获得的，我们就会有一种恒等关系。然而，如果这种关系是街道地址与特定家庭住址之间的关系，那么仅仅知道史密斯家住在栗树巷77号，乔尼斯家住在栗树巷79号，肯定不会有任何信息。比尔决定去听音乐会与他停车后脚的移动方向之间有明确的关系。在《美国宪法》序言中划掉“我们各州”并插入“我们人民”时，古弗尼尔·莫里斯（Gouverneur Morris）的锥体束外的通路中的活动之间也存在着相对明确关系。然而，如果说，在解释美国第一批公民所享有的权利的个体化时，需要考虑两个层面的解释，而其中一个层面与莫里斯的锥体束外的通路有关，岂不是很可笑？我详细阐述了这一点。

184

卡斯帕罗夫（Kasparov）和所谓的“会下棋”的电脑又是怎么回事？深蓝的对手一度沮丧地宣称，他的对手根本不是在下棋。它缺乏激情，没有压力，没有对手。回顾席勒（Schiller）的《审美教育书简》（*Letters Upon the Aesthetic Education of Man*），其中告诉我们，人在游戏时从来都不是真实的自己。考虑广泛的、不同的、文化的和倾向性的因素，这些因素需要被调动起来，才能使某项活动被定性为“游戏”，然后将这些因素与任何“过程”进行排列，使深蓝将象移动到 QP_3。深蓝“下”棋就像微波炉“煮”汤一样，虽然程序要复杂得多。

我们是否可以说，如果这是正确的描述，那么卡斯帕罗夫也是像微波炉煮汤一样下棋，尽管程序要复杂得多？毕竟正是这一点使得强人工智能的论文如此有趣。根据丹尼特的“意向立场”，在解释卡斯帕罗夫的行为时，我们可以赋予深蓝任何我们认为合适的动机、情感、信念和态度，这不仅是允许的，而且在概念上也是有利的。通过这种方式，卡斯帕罗夫并没有被“还原”为一台机器，而机器却被提升到了智能系统的行列。如果卡斯帕罗夫和深蓝都隐藏在屏幕后面，如果相关的图灵问题得到了两者相同的回答，那么在成功回答问题的范围内，两者都是“智能”的。但是，当我们进入塞尔的“中文屋”时，就会开始认为深蓝只是一个卡片分类设备，它的“回答”根本不是回答，它们只是“输出”。争论还在继续，但这只是因为一种智力上的歇斯底里的形式，它使受过高等教育的人对原始命题的愚蠢视而不见，即深蓝在下棋。

185

丹尼特提请人们注意哈克偏好将“有意义”和“无意义”作为哲学论证的相关特征，并将其与科学的“真”和“假”进行对比。也许是过于清醒的缘故，哈克在这里的分类过于紧身，不适合日常穿着。无论在繁忙的科学窑炉中形成的是什么，后来的修正、修订和完善这一事实本身就清楚地表明，它一开始就不是“真理”；它也不是毫无意义的话，至少不是彻头彻尾的没意义的话，只有少数明显的例子除外（受热物体不会上升，因为它们具有轻浮的物质，而干眼症肯定不是巫术的可靠迹象）。毫无意义的话也是对晦涩难懂、言过其实、无意义的自传体或毫无幽默感的哲学立场的一种过于强烈的谴责。（在大学时代，我曾认为休谟试图将因果关系的概念简化为在经验中不断结合在一起的对象，是一种凯尔特人式的机智。直到后来，我才被迫接受他是认真的这一令人痛心的结论！）但我们并不能仅仅通过对哈克的特定措辞表示异议来对他的分类提出正确的批评。维也纳学派的学者在庆祝恩斯特·马赫协会（Verein Ernst Mach）时恪尽职守，倾向于把所有非经验性的主张都视为字面意义上的无意义。那些机智的斯克里布勒作家协会成员们（Scriblerian）——波普（Pope）、斯威夫特（Swift）、阿巴斯诺特（Arbuthnot）——读了洛克关于人格同一性（personal identity）的论述后，得出结论说他已经走入了哲学的深渊。让我们同意，关于重大主题的哲学论著必须力求清晰、通俗易懂、前后连贯，以及对所选主题的明显尊重。在这些方面做得不好的，就是对常识的冒犯。这并不是说常识是最终的仲裁者；只是说，如果论文要想在研讨室之外产生影响，就必须最终赢得仲裁者的支持。如果斯帕斯基（Spassky）和卡斯帕罗夫都对计算机是否在“下”国际象棋心存疑虑，难道不应该是丹尼特必须重新思考这个问题吗？

186

在同样的联系中，丹尼特声称要揭穿赖尔和维特根斯坦的真面目，并向他们（以及哈克）表明，他们并不真诚地认为有“规则”可以规范哲学话语中的用法，更不用说普通话语中的用法了。赖尔的范畴错误和“存在逻辑”的承诺被他视为虚张声势。尽管语言学家们在句法方面投入了大量的精力，但他们仍然在“猫从树上爬下来”这个问题上摸不着头脑。就这样吧。我们也不能排除“早餐对下丘脑来说是一种享受，因为随着进餐的进行，下丘脑的电行为得到了满足”的可能性。这里违反的不是法律，而是惯例——也就是说，与法律不同，这种规则的结果不是被控告，而是被误解。当这种表达方式成为习惯时，误解就会变得系统化，充满了无意识的悖论，充斥着无意识的暗示，偶尔也会被无意识的幽默所缓解。

当然，政治局内部的“惯例”与英国议会内部的是不同的。在必须确定意义本身的情况下，谁的惯例占上风就很重要了。因此，就出现了一个两难的问题，即要决定在多大程度上服从常识心理学。丹尼特警告神经科学家在使用这种心理学的术语时要“极其谨慎”，因为正如他所说，“使用前提可能会颠覆他们的目的”。如何颠覆？通过把“并将原本很有前途的经验理论和模型变成伪装得很单薄的无意义的话”。如果我理解了这里所说的“使用前提”的含义，我敢说，其核心前提是，贝内特和哈克所说的“普通心理学描述”必须使母语使用者之间的全部实际而有意义的互动成为可能。很显然，如果他们没有受过教育的行话不过是伪装得很单薄的无意义的话，那么他们甚至连从哲学启蒙中受益的语言资源都是值得怀疑的。也许有一天，克拉彭公共汽车上的乘客会同意用他的“皮层三位一体系统”来说话，怯怯地从红苹果、绿草皮和蓝天这些老掉牙、伪装得很单薄的无意义的话中退了出来。然而，人们不禁要问，万一人类诞生于这样一种语言游戏中，那么神经科学家们如何将“皮层

187

三位一体系统”中的任何东西与——是的——实际所看到的世界相匹配呢。如果说大众的话语确实会破坏经验主义的理论和模型，那么这主要是因为这些理论和模型与大众的话语并无特殊关系，毕竟，大众的话语是生活的话语。也许这有助于解释为什么现在提供的理论和模型不过是数据模型，不过是通过可论证的统计操作而平整的过度消毒的观察结果的有效总结，并作为一个高度整合的模型呈现出来——没有某个人，甚至没有大脑。

丹尼特引用了自己早年的著作来为自己辩护，反对自己犯了分体论谬误的指控，在这些著作中，他对解释的个体层面和亚个体层面进行了区分。他称自己是这方面的先驱。我可能会把桂冠延伸到亚里士多德身上，他提醒我们，在解释诸如愤怒时，人们可能会说到血液温度的变化，或者说到被轻视后的反应：

> 物理学家对灵魂情感的定义与辩证学家不同；例如，后者将愤怒定义为以牙还牙的欲望……而前者将其定义为血液沸腾或心脏周围的温热物质。[2]

实际上，我们可以相信亚里士多德最早对这种谬误提出了警告，因为他在同一篇论文中说：

> 说愤怒的是灵魂，就像说织网或盖房子的是灵魂一样不确切。毫无疑问，更好的是……说是人在用他的灵魂来做这些事情。[3]

188

当然，基于原因的解释和基于理由的解释之间的更大的区别是古老的，而且由于被广泛认为具有哲学意义而引起争议。然而，分体论谬误本身以不同的方式表现出来。当有人提出生日蛋糕是由脊髓颈段第5—8节的传出神经切开时，这种谬误就很明显。然而，当把罗纳德采取行动的理由视为大量的小理由的总和时，谬论也在起作用。因此，对罗纳德购买丰田普锐斯汽车的正确解释是，他试图获得比步行更大的机械优势。丹尼特是这方面的受害者，这一点在他自己的文字中得到了证实，其清晰度值得称赞：

> 我们不会将完全成熟的信念……归于大脑的部分——那将是一个谬误。不，我们把一种削弱了的信念……归于这些部分。

所提供的例证是一个孩子在“某种程度上”相信爸爸是个医生。这不能令人信服。在信念问题上可能会有一些犹豫，但并不存在信念的一个“部分”。然而，这个例子本身最终必须产生部分信念，因为通过物理系统（如大脑的部分）的作用来“削弱”一个信念，就是沿着某种物理连续体改变它的价值，这最终是对它的“部分”起作用。如果说在谈论大脑持有信念时有一些“红皇后”的影子，那么当大脑的一部分必须具有削弱的信念时，“红皇后”就会带着报复重新出现。

丹尼特在试图反驳“大脑会形成这样或那样的图像”这一论点时显得尤为有力。他正确地宣称，大脑内部结构是否以某种方式组织起来，起到某种图像制造者的作用，这是一个经验问题，超出了哲学分析模式的范围。相互连接的神经元群如何对外部世界做出反应是脑科学的一个核心问题，并且通过对视觉系统的研究尤其富有成效。没有人会认真地认为视觉世界是以图像的形式投射到大脑中的——而且肯定不存在气味或声音的“图像”。相反，我们要寻找的是可见世界的光学特征与其视察相关的神经电模式之间的同构关系。既然如此，我们就面临着一个截然不同的问题：不是某种神经电算法如何处理或“编码”可见世界的光学特性，而是该编码与感知者所声称的（视觉上的）情况之间的关系。认为这个问题适合进行实证研究，就错失了问题本身的要点，因为在功能神经解剖学层面上观察到的任何东西都没有任何意义上的“看到”，即使是减弱的。

在这里需要较少的时间来考虑丹尼特为勒杜和认知神经科学委员会其他人的辩护。如果说“大脑”可能在它或我们知道危险能够是什么之前就已经知道了危险，这不过是对语言的败坏，在科学解释的层面上，更是对“奥卡姆剃刀”的拙劣钝化。新生猕猴的听觉皮层中的细胞会对该物种的痛苦叫声做出反应。它们并不“知道”任何事情，像电阻电容电路“知道”冰箱已经安装好了，并随之做出电压下降的反应一样！面对危险的世界，生物的形成需要很多预制线和一些硬接线。它们天生就适合凭本能或条件反射去做那些不能等到获得高级学位时才去做的事。这是可以绕过所有学习，从而绕过所有知识的设备。丹尼特坚持要把任何数量和种类的事实装进一个概念容器里，这个概念容器太有弹性而无法成形，而对于实际问题的重量来说又太薄弱。他的辩护是指出所有小事实都能够塞进去，但人们普遍认为，仅仅重复当初引起批评的句子在修辞上是无效的。他和认知神经科学运动（因为它具备运动的所有特征）中的其他许多人都采用了一种除他们之外的人听起来很陌生的习惯用语，但却从这些出现在他们所有的书籍和文章中的短语得到了安慰。丹尼特通过列举他使用这些短语的频率来验证他选择的奇怪的习语，这——借用维特根斯坦的一个例子——“就好像有人买了好几份早报来向自己保证报纸上说的都是真的一样”。[4]

190

贝内特和哈克，尤其是哈克又如何呢？我在《哲学》（*Philosophy*）一书中对他们的书评价最高，而约翰·塞尔或丹尼尔·丹尼特的回复也没有使我重新考虑之前的判断。我认为作者们的目标正是那些构成哲学任务的目标，哲学在其中最大的投射无非于对生活的批判，而在其更谦逊的志向中，哲学则是对我们核心认识论主张的批判性探索。历史清楚地表明了以这一任务换取科学本身所处等级中更崇高地位的后果。在一个相当重要的方面，索福克勒斯（Sophocles）通过《安提戈涅》（*Antigone*）这个工具，捍卫了所有法律的道德基础，反对国王的自命不凡。但索福克勒斯并没有完成亚里士多德、西塞罗（Cicero）、阿奎纳（Aquinas）以及自然法传统中的其他人所应用的工作。希波克拉底学派明智地瓦解了神圣疾病这一概念，首先礼貌地承认诸神带来一切，然后将每一种疾病都视为与其他疾病同样神圣的。我并不建议对概念进行束缚，但我赞同在严肃的人们（无论是哲学家、科学家，还是感兴趣的人）考虑对生活世界（Lebensweld）的哲学和科学反思的范围和权威性时，支持一种克制和专注的生活规则。我并不建议在概念上一棍子打死，但我赞成，当我们（无论是哲学家、科学家，还是感兴趣的人）考虑对生命世界的哲学和科学思考的影响范围和权威性时，应该保持克制和专注。人们可以而且应该钦佩《安提戈涅》，并从中受到启发，而不是要求将其纳入解决海事法纠纷的法律简报中。人们可以而且应该钦佩希波克拉底学派努力为医学创造的与宗教仪式信念相抵触的隔绝环境，而不是坚持禁止在急诊室祈祷。人们可以而且应该钦佩神经科学界细致、可重复和严谨的研究，而不是对常识和对我们自己的坚持不懈的认识持怀疑态度。

191

无论彼得·哈克对当今神经科学家的概念错误的哲学分析是完全合理的，还是后来的被认为注定要失败的，毫无疑问，它既忠实于哲学任务，又完全掌握了哲学为这一任务所塑造的资源。他不寻求神经科学学会的荣誉会员资格，也不假装充实已经令人印象深刻的数据库，而科学进步必须建立在数据库之上。事实上，认知神经科学中真正重要的发现是由一小群专家做出的，而这些专家对《泰晤士报文学增刊》（*The Times Literary Supplement*）和《纽约书评》的读者来说几乎是未知的。将视觉科学纳入真正一流科学版图的人并没有提供宏大的“神经哲学”。这些名字对我简陋散文的几乎所有读者来说都毫无意义：塞利格·赫克特（Selig Hecht），M. H. 皮朗（M. H. Pirenne），克拉伦斯·格拉哈姆（ClarenceGraham），H. K. 哈特兰（H. K. Hartline），乔治·沃尔德（George Wald）。皮茨（Pitts）和麦卡洛克（McCulloch）与他们的数学保持密切联系，并提出电路，当设计巧妙时，这些电路取得了显著的结果。巴甫洛夫（Pavlov）在研究消化化学时是富有成效的，但在试图将所有心理学翻译成“脑动力学”语言时，他变得有点像一个雇佣文人。杜波依斯（DuBois）在面对这个难题时更加明智，他的声音中带着喜悦，我敢肯定，无知！

如果哈克寻求加入任何正统观念的圈子，在那里以陈词滥调的形式收取费用，那将是反笛卡尔主义。我所说的陈词滥调只不过是一种陈腐的表达或格言。“上帝是良善的”，这是一个陈词滥调，忠实的人会把断言的频率作为衡量其真理的标准。“我拒绝笛卡尔主义”是另一个陈腐的宣称，它也可能记录了对一些深刻或更高真理的洞察。但是笛卡尔主义对反笛卡尔圈子的不同成员意味着不同的东西。以某种无条理的方式，它通常被指责为两个实体的本体论与“心灵剧场”理论相结合。然后，二元论和内在剧场都被愉快地视为哲学纯真的证据。然后，二元论和内心剧场都被当作哲学清白的证据而嗤之以鼻。

192

我认为仍然可以提醒所有人，笛卡尔是解析几何的创始人——一位名副其实的光学科学大师——他完全理解他那个时代的科学，并在他的通信和书信中吸引了一个由伟大思想组成的时代中最优秀思想家。在最近的两个世纪里，对他的观点的批评很少有霍布斯（Hobbes）、伽桑狄（Gassendi）和梅森神父（Father Mersenne）没有预料到的，笛卡尔与他们进行了已出版的激烈的辩论。正如他向伊丽莎白公主明确表示的那样，为了不被误解，他在写作中采用可能过于哲学化的措辞和类比是有益的。他知道自己对物质做了什么，他确信理性

和知觉生命的本质特征不可能从任何组合的物质中产生。将广延实体与非广延实体进行对比的二元本体论是否真的荒谬？我不这么认为；事实上，没有人这么认为，因为思考本身就排除了这种可能性。

这是二元论的一种论证吗？在大约五十年的时间里，我断断续续地思考过，究竟有多少种不同的“东西”可能构成所有的现实。我一直能够理解两种类型，由于缺乏更好的词，我把它们叫做物理类型的东西，以及我生活中道德、审美、理性和情感层面的基础。哦，那就叫它“精神的”吧。碰巧的是，我所能看到的电磁波谱并不多，只有波长在 3600 到大约 7600 埃之间的“东西”。为了防止我理解现实整体的能力受到限制，类似于我的视力受到限制一样，关于“所有的东西”究竟由多少种可区分的实体组成的问题，最好不要回答。我不知道这个数字。丹尼特不知道。哈克也不知道。但如果“物理学是完整的”呢？这不就解决了吗？正如美国前总统可能会说的那样，“这完全取决于你所说的‘完整’是什么意思”。

193

哈克属于维特根斯坦哲学流派，其主要捍卫者和批评者来自受过良好教育的哲学家。无论将哲学问题视为有待琢磨的“谜题”还是有待解决的“问题”，都是一个很大的课题。无论是哪种结构，表达的清晰性和连贯性都是至关重要的。没有人会认真地宣称，不是维特根斯坦学派的人，就没有义务分析创造和共享概念的文化和语言学装置。

哈克的写作非常精确，以至于倾向于词源学上的表亲，珍贵。他很谨慎。读者对这种谨慎的反应可能就像我们对从不超过规定时速的司机的反应一样。当他说：

> 概念真理描绘了事实所在的逻辑空间。他们决定了什么是有意义的。

他可能会被认为低估了事实或赋予哲学凌驾于事实之上的权力。他没有做这样的事。宇宙因事实而燃烧，它们的巨大多元性超出了我们的感官，甚至超出了我们的知识范围。从那猛烈而灿烂的火焰中，我们拉出一些碎片——可见的或几乎可见的——并开始编织一个故事。在极少数情况下，故事是如此系统化，如此忠实于手中的碎片，以至于其他故事从第一个故事中流出，然后是其他故事，很快我们就拥有了完全的预言能力，可以知道接下来会出现哪些故事。然而，哲学家必须抑制故事讲述者的热情，因为如果听任他们自己的方法，他们可能会提出一个只能证明我们当前的混淆有理的未来。

注释

1. 关于这部作品的一篇最有辨识度的文章是：Lana Cable，“Such Nothing is Terrestriall: Philosophy of Mind on Phineas Fletcher's Purple Island,” *Journal of Historical Behavioral Science*, 19 (2): 136 – 152。

2. Aristotle, “On the Soul”, 403a25 – 403b1, in Richard McKeon, ed., *The Basic Works of Aristotle*, J. A. Smith, trans. (New York: Random House, 1941).

3. Ibid., 408b10 – 15.

4. 这体现在他的《哲学研究》中，§265。

关于译者

尤洋，哲学博士，二级教授，博士生导师。山西大学哲学学院院长、山西大学科技伦理治理研究院院长，国家“万人计划”哲学社会科学领军人才。国家社科基金规划办、国家留学基金委评审专家。《中国医学伦理学》学术委员会委员、《认知科学》编委会委员、《人大复印报刊资料·科学技术哲学》学术编委会委员。兼任中国自然辩证法研究会生物哲学专委会副主任、科学技术与公共政策专委会副主任。获山西省教学成果奖特等奖、山西省社会科学研究优秀成果奖一等奖。主持国家社科基金重大项目、一般项目、青年项目以及教育部重点研究基地重大项目、后期资助项目、中国博士后科学基金面上资助项目等各类国家级课题。

刘淑琪，中国人民大学哲学院博士研究生。